高等学校教材

U0202055

民用飞行器适航技术基础

陈 杰 李元元 孙 畅 薛芳芳 张杨阳 编著

西北工业大学出版社

西 安

【内容简介】 本书共 11 章,内容包括绪论、中国民用航空器适航管理工作、中国民用航空器适航管理法规与文件体系、民用航空器国籍登记、型号合格审定、适航双边、持续适航管理、机载电子硬件适航审定技术、机载软件适航审定技术、基于模型的系统工程设计 MBSE 方法、机载复杂系统适航审定技术等。

本书可以用作从事民用飞行器系统开发、适航取证以及运营技术人员的参考用书,也可以用作高等学校民航、适航技术相关专业的教学指导用书。

图书在版编目(CIP)数据

民用飞行器适航技术基础 / 陈杰等编著. — 西安 ：
西北工业大学出版社,2023.12
ISBN 978 - 7 - 5612 - 9125 - 2

Ⅰ. ①民… Ⅱ. ①陈… Ⅲ. ①飞行器-适航性 Ⅳ.
①V328.5

中国国家版本馆 CIP 数据核字(2023)第 249589 号

MINYONG FEIXINGQI SHIHANG JISHU JICHU

民 用 飞 行 器 适 航 技 术 基 础

陈杰 李元元 孙畅 薛芳芳 张杨阳 编著

责任编辑:曹　江		策划编辑:李阿盟	
责任校对:朱晓娟		装帧设计:李　飞	
出版发行:西北工业大学出版社			
通信地址:西安市友谊西路 127 号		邮编:710072	
电　话:(029)88491757,88493844			
网　址:www.nwpup.com			
印 刷 者:陕西博文印务有限责任公司			
开　本:787 mm×1 092 mm		1/16	
印　张:12			
字　数:300 千字			
版　次:2023 年 12 月第 1 版		2023 年 12 月第 1 次印刷	
书　号:ISBN 978 - 7 - 5612 - 9125 - 2			
定　价:68.00 元			

前　言

飞行安全对于所有航空器的重要性不言而喻。适航取证是民用航空器进入商业市场的准入证，也是民用航空器保障飞行安全的技术托底。自我国在中长期科技发展规划纲要中确立研制大型飞机重大科技专项以来，国产民用飞机审查、设计研发和生产制造等相关方的初始适航业务和水平取得了长足的进步。

我国民用航空产业的发展需要补齐短板，适航相关专业的高素质人才培养是关键。党的二十大以来，国家将教育优先发展、科技自立自强、人才引领驱动放在前所未有的高度。着力培养支撑国家民航强国的适航审定类高素质人才是笔者所在学校学院的办学宗旨。本书是基于笔者多年的适航审定理论教学和民航领域科学研究经验编写而成的。在编写过程中，笔者结合了教学和研究工作，并参考了大量国内外相关文献资料，力求全方位反映笔者近年来在这一领域所取得的研究和教学成果。

全书分为 11 章，先介绍适航性定义和民用航空器发展历史等，进而对中国民用航空器适航管理工作、中国民用航空器适航管理法规与文件体系、民用航空器国籍登记、型号合格审定、适航双边、持续适航管理、机载电子硬件适航审定技术、机载软件适航审定技术、基于模型的系统工程设计方法、机载复杂系统适航审定技术等进行详细阐述。

全书由陈杰、李元元、孙畅、薛芳芳、张杨阳编著。李元元负责型号合格审定和双边适航协定部分内容的编写，孙畅负责法规与文件体系、国籍登记以及持续适航技术部分的编写，薛芳芳负责机载电子硬件、软件部分的编写，张杨阳负责基于模型的系统工程设计方法以及复杂系统部分的编写。

同时，笔者还参考了相关文献，对其作者一并表示感谢。本书的编写还得到了西北工业大学贺尔铭教授、中航西飞民用飞机有限责任公司王辉研究员的大力支持，在此表示衷心的感谢。

由于水平有限，书中难免存在不足之处，请广大读者批评指正。

编著者
2023 年 8 月

目　　录

第1章　绪论……………………………………………………………………………… 1

  1.1　民用航空器适航性 …………………………………………………………… 1

  1.2　民用航空器适航管理 ………………………………………………………… 5

  1.3　适航管理与民用航空安全的关系 …………………………………………… 8

  1.4　国际民航组织 ………………………………………………………………… 12

  1.5　国际主流适航当局简介 ……………………………………………………… 15

  1.6　运输类飞机设计发展趋势和适航审定发展趋势 …………………………… 20

第2章　中国民用航空器适航管理工作 ……………………………………………… 22

  2.1　国外民机发展历程 …………………………………………………………… 22

  2.2　国内民机发展历程 …………………………………………………………… 27

  2.3　中国民机适航管理的起源与发展历程 ……………………………………… 37

  2.4　中国适航管理机构及其职能 ………………………………………………… 42

第3章　中国民用航空器适航管理法规与文件体系 ………………………………… 45

  3.1　概述 …………………………………………………………………………… 45

  3.2　适航管理法规和文件体系的形成过程 ……………………………………… 45

  3.3　适航管理法规和文件体系的构成 …………………………………………… 46

  3.4　部分法规文件内容介绍 ……………………………………………………… 51

第4章　民用航空器国籍登记 ………………………………………………………… 61

  4.1　航空器国籍登记的法律依据 ………………………………………………… 61

  4.2　航空器登记国的权利和义务 ………………………………………………… 62

  4.3　国籍标志和登记标志 ………………………………………………………… 62

  4.4　中国民用航空器国籍登记规定 ……………………………………………… 63

  4.5　中国民用航空器国籍登记程序 ……………………………………………… 68

4.6 民用无人驾驶航空器国籍登记 ……………………………………………… 72

4.7 租赁进口航空器的登记 ………………………………………………………… 75

4.8 国籍标志和登记标志的绘制 …………………………………………………… 76

4.9 监督与处罚 ……………………………………………………………………… 76

第5章 型号合格审定 ………………………………………………………………… 78

5.1 有人驾驶航空器型号合格审定 ………………………………………………… 78

5.2 民用无人驾驶航空器系统适航审定管理程序 ………………………………… 88

第6章 适航双边 ……………………………………………………………………… 97

6.1 适航双边协议概述 ……………………………………………………………… 97

6.2 中美适航实施程序 ……………………………………………………………… 98

6.3 中欧技术实施程序 ……………………………………………………………… 100

第7章 持续适航管理 ………………………………………………………………… 103

7.1 持续适航管理的意义和目的 …………………………………………………… 103

7.2 型号合格证持有人持续适航体系的要求 ……………………………………… 104

7.3 持续适航文件具体要求 ………………………………………………………… 106

第8章 机载电子硬件适航审定技术 ………………………………………………… 118

8.1 机载电子硬件基本概念 ………………………………………………………… 118

8.2 机载电子硬件相关的指南与标准 ……………………………………………… 118

8.3 电子硬件开发与系统开发之间的关系 ………………………………………… 119

8.4 电子硬件适航介入审查 ………………………………………………………… 120

8.5 电子硬件生命周期过程 ………………………………………………………… 123

8.6 电子硬件生命周期数据 ………………………………………………………… 129

8.7 电子硬件开发过程其他考虑 …………………………………………………… 131

第9章 机载软件适航审定技术 ……………………………………………………… 132

9.1 机载软件基本概念 ……………………………………………………………… 132

9.2 机载软件相关的指南与标准 …………………………………………………… 132

9.3 软件开发与系统开发之间的关系 ……………………………………………… 133

9.4 软件工程评审与适航审查 ……………………………………………………… 134

9.5 软件生命周期过程 ……………………………………………………………… 136

9.6 软件生命周期数据 ……………………………………………………………… 144

9.7　软件开发过程中的其他考虑 ·· 145

第 10 章　基于模型的系统工程设计 MBSE 方法 ·························· 146

10.1　概述 ·· 146

10.2　MBSE 的核心概念 ··· 147

10.3　模型驱动工程方法 ··· 148

10.4　MBSE 工具和技术 ··· 148

10.5　未来趋势和挑战 ··· 161

第 11 章　机载复杂系统适航审定技术 ···································· 162

11.1　概述 ·· 162

11.2　机载复杂系统适航审定相关标准 ·· 163

11.3　机载复杂系统研制过程 ·· 169

11.4　机载复杂系统适航取证过程 ·· 171

参考文献 ··· 178

索引 ··· 180

第1章 绪 论

1.1 民用航空器适航性

1.1.1 适航性的定义

适航性的英文为 airworthiness，其原义为适于飞行(fit to fly)。学术界一般认为，专业术语适航性是由适海性(seaworthiness)演变而来的。

适航性是民用航空领域的特定要求，也是民用航空器产品的出发点和落脚点。适航性的内涵丰富，包括标准法规、政府机构、航线运营、设计制造、维修服务等，不同专业领域的人对适航性有不同的理解。

对民用航空器适航性的严格定义——航空器(包括其部件及子系统)整体性能和操纵特性在预期运行环境和使用限制下保持安全性和物理完整性的一种品质，要求航空器始终处于保持符合其型号设计的状态和始终处于安全运行状态。

无论是适海性还是适航性，它们产生的最初原因并不是学术理论研究的需要，也不是设计制造民用航空器的需要，而是维护公众利益的需要，是人类工程技术实践不断积累而产生的。

从1903年莱特兄弟首次进行动力飞行以来，越来越多的飞行活动出现在空中。尤其是第一次世界大战(简称一战)结束后，随着经济的发展，当时的英法两国跨英吉利海峡高效商业运输需求旺盛，而战后逐渐成熟的运输机产业正好满足了这一需求，商业运输飞行逐渐发展，直至美国成为全球最大的民航运输市场。然而，不时发生的航空事故，严重危害了乘客和公众安全，相关安全责任归属问题和其民用领域属性，促使政府出面，对民用航空飞行活动进行管理，由此提出适航性概念。政府监管部门逐步成熟，适航性的相关规章要求和标准也逐步建立。

1.1.2 适航标准

适航管辖权归属国家主权，因此适航属于由政府立法形成的，对民用航空活动进行约束的法规，是国家法规的一部分，必须强制执行。但适航标准(Airworthiness Standards，AS)与其他标准不同，是一类特殊的技术性标准。

适航标准的核心是安全；适航标准是为了保证所有民用航空器的适航性而制定的，是托底的最低安全标准;适航标准是通过长期工作经验积累,吸取历次飞行事故教训,经过必要的验证或论证,并在公开征求公众意见的基础上不断修订而成的。

适航法规是政府立法形成的,任何主权国家均需要建立本国的适航法规。目前国际主流的适航法规包括美国联邦航空局(Federal Aviation Agency,FAA)的联邦航空条例(Federal Aviation Regulations,FAR),欧洲航空安全局(European Union Aviation Safety Agency,EASA)的适航标准,以及中国民航局的中国民用航空规章(Chinese Civil Aviation Regulations,CCAR)等。任何国家政府所制定的适航法规,其共同特点包括:

(1)法规性。如上所述,鉴于民用航空活动的特殊性,其安全风险影响的是公众的利益,因此对民用航空活动的法律约束由国家指定和委托适航部门加以实施,其代表国家行使行政管理权力,必然具备高度的权威性和法规性。

(2)务实性。适航标准是为保证民用航空器的适航性而制定的,需要针对的是具体民用航空活动中涉及安全的具体事务,是根据民用航空实践,尤其是多年来国际上空难事故结果制定的。

所有适航法规虽然读起来很生硬,但每一条、每一款都有其相对应的来源。飞行时的设备故障,或是机毁人亡的重大事故等,都被总结、分析和提炼成了设计要求并写入了适航规章,以避免类似事故的再次发生。伴随航空技术的发展,适航规章也在不断地修订和完善。

1956年6月30日,图1-1所示的环球航空"超级星座"与联合航空DC-7在美国大峡谷国家公园上空相撞而坠毁,造成128人遇难。这次事故让美国民航当局下定决心,研制使飞机能主动防范空中相撞的系统设备,即当下每架商业运营飞机所装备的空中防撞系统(Traffic Collision Avoidance System,TCAS)。TCAS分为TCAS Ⅰ和TCAS Ⅱ。TCAS Ⅰ能够显示选定里程内所有飞机的相对位置,如有危险则进行提示;TCAS Ⅱ能够向机组提供飞行操作参考建议。20世纪90年代初,美国联邦航空局规定美国30座以上的运输飞机必须安装TCAS Ⅱ,10~30座的运输飞机必须安装TCAS Ⅰ。

图1-1 环球航空"超级星座"(上)和联合航空DC-7(下)

2002年7月1日,俄罗斯巴斯基尔航空BTC 2937次航班与敦豪快递公司DHX 611次航班(757-200SF型货机)(见图1-2),在德国南部城市乌伯林根上空相撞。BTC 2937次航班遵照空管人员的指示下降高度,而无视了 TCAS 不断发出的爬升建议。最终,两架飞机在10 600 m 高空相撞,71 名乘客和机组人员全部遇难。

此后,国际民航组织要求,当 TCAS 建议与空管指令有冲突时,飞行员应遵从 TCAS 的提示,以免再度发生类似的事故。由此可见,每一条适航条款背后都存在血的教训,甚至是生命的代价。因此,在航空器的设计、制造、维修和运行过程中,但凡涉及适航规章的要求,都要上升到国家法律层面,必须严格执行。

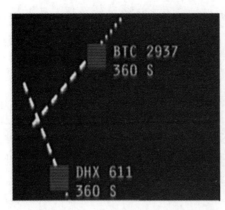

图 1-2　乌伯林根空难事故

(3)稳健性。适航标准所追求的,是技术实现所体现的安全性结果,只反映已被证实的、成熟的航空科学技术。

(4)平衡性。适航标准所要求的适航性是最低安全要求,对于参与其中的设计方、制造方、使用方以及维护方,要追求的是保证安全性前提下经济的可承受性,即安全性和经济性两者的平衡。

总体来讲,适航标准既是维持航空器适航性的必然产物,也是法律的、强制执行的最低安全标准。对于民航业来说,满足适航安全要求,是包括各国政府民航管理机构、飞机制造商、航空公司和机场等在内的所有参与方生存和发展的根本。

1.1.3　适航性责任

航空器必须满足以下两个条件,才能称其是适航的:①必须始终符合其型号设计要求;②必须始终处于安全运行状态。因此,保持航空器适航性,航空器的设计、制造、使用和维修各方均负有重要责任。

航空器的设计和制造单位,从图纸设计、原材料的选用,到试验制造、组装生产,直至取得型号合格批准和生产许可,都对航空器的初始适航性负主要责任。

(1)设计过程必须满足一系列标准,飞机、发动机、零部件、机载设备等,都要通过一系列的地面试验和飞行试验来验证。

(2)制造过程必须满足一系列要求和一套完整的质量控制体系,保证所制造的每一个零部件及其安装过程都符合经批准的设计要求。

(3)出厂每一架飞机都必须通过一套检测测试程序,确保其可以安全飞行。

航空器的使用单位和维修单位,要建立一整套运行系统,来确保飞机的安全运营,包括完善的管理程序、有资质的人员及培训体系、必要的支持设备等,以保证使用和维修的航空器始终处于安全运行状态,即对航空器的持续适航性负主要责任。除此之外,飞机的安全飞行,还需要庞大且复杂的空管、机场、情报、气象等各系统的支持和配合。

适航部门作为国家政府部门,则是在制定各种最低安全标准的基础上,对航空器的设计、制造、使用和维修等环节进行科学、统一的审定、监督和管理。适航部门负责对航空器的适航性进行技术鉴定和监督检查,对航空器适航性负有责任的单位及其人员进行监督检查、控制和评估。

这里换一个角度来谈适航性责任问题。对参与适航活动的各方来说:

(1)公众。①对民用飞机而言,公众关心的是票价、舒适性、准时性、安全记录、服务等,如不满意则不买该机型机票,乘坐其他机型或其他交通工具。对于军用飞机而言,这部分功能由军队和设计人讨论确定。在民用领域,航空公司代表公众对设计指标或功能提出要求,因此民用飞机设计必须满足公众需求。②公众对由于自身信息不对称以及知识结构缺乏,看不清楚的、无法判断的东西,比如飞机的适航性,会采用推选代表的方式立法,批准或认可相关安全标准,再以交税的形式,让国家公务人员代表他们确认相关安全要求在设计、制造、运营中的落实情况。

(2)申请人/持证人。申请人/持证人按公众批准或认可的最低安全标准来设计、制造飞机,保证设计和制造的飞机符合最低安全标准,并向民航局表明设计制造的飞机符合公众批准或认可的最低安全标准。申请人/持证人是适航性的第一责任人,其具体责任和义务包括制订切实可行的符合性验证计划,深入研究安全标准,建立有效的适航组织机构,编制有效的设计制造质量保证手册和程序,建立内部审查监督机制,以及与民航局审查方密切沟通合作。

(3)民航局审查方。民航局审查方确认、监督和检查申请人/持证人设计和制造的飞机是否符合公众批准或认可的最低安全标准。对于审查方而言,其责任和义务包括严格地立法,建立和工业布局相适应的组织机构,具有敏锐公正的审查判断能力,建立和工业界良好的合作关系,按使用结果和技术进步及时修订标准,建立有效的审定和监督检查程序,深入研究安全标准。

总体来说,适航是一种安全性目标和要求,是安全保障的及格线,是一种飞机系统(巨复杂系统)设计的理念,也是一系列法规、行业标准与规范(最低安全标准)。适航更是一项系统工程,涉及研发、制造、质量、环境等。

适航不但不是技术进步的绊脚石,反倒是技术进步的安全锁,所有航空领域技术创新也在推动适航安全的进一步发展;当然,适航不仅仅是国家政府的事情,虽然适航标准最终起草、签发是由政府完成的,但标准的制定和漫长修订过程是由政府和设计制造、使用维护方,还包括高校院所等研究机构合作完成的;适航不是独立于设计制造的空中楼阁,它是嵌入上述各个阶段,并由专业人员熟练掌握和运用的相关方法、技术和能力,是设计制造工作的一个部分;适航也不只是民用飞机主供应商需要考虑的事情,而需要从上至下贯彻到飞机级、系统级、模块级等。

1.1.4　质量与适航

质量是指产品满足规章要求和顾客需要的程度,关注的是产品品质。企业在取得质量体系认证资格后,认证机构将通过公报等形式向社会公布,从而向潜在客户传递企业所具备的能力,增加顾客对企业的信任度。质量也是关于客户满意度的评价,是一个相对的概念。

质量和适航的区别可以理解为:

(1)质量是客户需求,是相对的,也是无极限的,需要持续提升;适航是国家和公众对航空器的基本要求,是法定的。

(2)质量侧重于广度,适航侧重于深度。质量是对品质的要求,一般没有量化的、具体的要求,产品的质量在出厂时就已经确定;适航是通过法规确定的,有强制性的量化要求,适航性可以通过维修、检查等手段来持续维持。

(3)从管理体系来讲,适航管理是政府代表公众所提出的强制性要求;质量管理是公众和产品提供者之间的合同约定,可以通过第三方认证完成。

(4)从产品特性方面来讲,适航贯穿于产品的全寿命过程,如果产品在使用过程中出现问题,那么适航要求产品出现的问题不能影响人的生命安全。如果某种问题由于技术或经济的原因不能排除,那么这种问题危害人身安全的概率要低于 1×10^{-9},在产品的整个使用寿命期内,其危害人身安全的概率要低于 1×10^{-6}。相对于质量来说,适航要求更细,且具有强制性。

1.2　民用航空器适航管理

1.2.1　适航管理的基本定义

适航管理就是适航性控制。民用航空器的适航管理是以保障其安全性为目标的技术性管理,是民航局适航部门在制定各种最低安全标准的基础上,对民用航空器的设计、制造、使用和维修等环节进行科学统一的审查、鉴定、监督和管理。

中国政府明确规定,民用航空器的适航管理由中国民用航空局负责。民用航空器适航管理的宗旨是保障民用航空安全,维护公众利益,促进民用航空事业的发展。

1.2.2　适航管理的分类

适航管理在民用航空器全寿命周期内都需要实施。基于航空器交付给使用方,开展使用、维护工作,可将适航管理工作划分为初始适航管理和持续适航管理两个部分。

(1)初始适航管理。初始适航管理是在航空器交付使用之前,适航部门依据各类适航标准和规范,对民用航空器的设计和制造所进行的型号合格审定和生产许可审定,以确保航空器及其部件的设计、制造是按照适航部门的规定进行的,初始适航管理是对设计、制造的控制。

(2)持续适航管理。持续适航管理是在航空器满足初始适航标准和规范、满足型号设计要求、符合型号合格审定基础、获得适航证、投入运行后,为保持它在设计制造时的基本安全标准或适航水平,为保证航空器能始终处于安全运行状态而进行的管理。持续适航管理是对使用、维修的控制。

1.2.3 适航管理特点

适航管理所依据的适航标准、审定监督规则及适航规章,都是国家法律的一部分,具有法律效力,都是强制性的、必须执行的。适航部门代表国家行使管理权力,适航管理的监督和被监督是政府对企业的一种强制性行政法规管理。民用航空器的设计、制造、使用和维修等单位和个人必须服从国家适航部门公正合理的管理,否则,其产品或营运活动将是非法的。适航管理的特点可归纳为以下几点。

1. 权威性或法规性

适航管理的权威性或法规性,这一点与前述适航法规的特点一致,国际民航组织(International Civil Aviation Organization,ICAO)颁布的《国际民用航空公约》要求适航标准必须通过国家立法颁布。因此,民用航空活动的法律约束由国家委托适航部门加以实施,自然具有权威性或法规性。任何从事民用航空活动的主体都必须严格遵守。

2. 国际性

首先,适航法规体现了全人类对航空安全的诉求,反映了近 100 年来世界航空实践的安全成果。其次,民用航空作为大交通概念中最为便捷和快速的交通方式,为了保证其国际互联互通的便捷,要求各国适航法规具有趋同性并互联互通。美国联邦航空局和欧洲航空安全局进行了多年的协调,目前各国适航要求基本等同。

3. 完整性和统一性

如前所述,适航管理涵盖了民用飞机从型号立项研制到最终报废的全寿命周期,这要求适航管理体系贯穿于材料、设计、制造、运营等整个过程,也涉及航空活动相关的各个专业领域。实际上,适航标准是对航空实践的高度综合,其背后是一整套行业规范和企业规范,包括适航规章、咨询通告、技术标准规定、行业/协会标准等,是一个完整的体系。

4. 公开性

由于适航起源于乘客和公众对于民用航空活动安全性的关注,是最终由政府出面所进行的飞行活动管理,因此全世界的适航标准都面向公众开放。在美国联邦航空局、欧洲航空安全局和中国民用航空局的官网上都能查到相关信息,全球所有从事航空相关业务的人或公司都可以免费使用。

5. 动态发展性

适航法规监管的是民用航空活动,航空技术是随着人类对科学的不断探索和科学技术的不断发展而进步的,这就要求适航管理过程不断完善、优化和更新。适航法规一直处在持续不断的修订和完善中。比如,美国的适航规章第 25 部就经历过多次修订,而目前还在发展中。每一次修订完成之后,新申请的项目就必须符合修订的标准。

6. 独立性

在适航管理过程中,审查方和被审查方分别起着裁判员和运动员的角色,这需要适航部门在经济和行政管理方面独立于被审查方。适航管理过程是政府代表公众利益对民用飞行活动的安全性进行监管，适航部门是独立的政府审查监督机构。

1.2.4　适航管理工作的主要内容

我国的适航管理工作，按照性质的不同可分为以下三种类型：

(1)立法、定标。立法、定标是政府责成适航部门根据《中华人民共和国民用航空法》，统一制定、颁布各种与安全有关的技术性和管理性适航标准、规章、规则、指令和通告等。所有适航法规的要求归结起来都是安全性的要求。

(2)颁发适航证件。适航证件的颁发，是在民用航空器的研制、使用和维修过程中，通过依法审定和颁发各种适航证件的手段来检验执行程度或与标准要求的符合性，它是合法的资格凭证。

(3)监督、检查。监督、检查是适航部门通过颁证前的合格审定以及颁证后的监督、检查等手段，促使从事民用航空产品设计、制造、使用和维修的单位或个人始终自觉地满足适航标准、规定的要求，它是符合性的要求。

具体来讲，适航管理工作的主要内容有以下几个方面。

1.各类适航标准和审定监督规则制定

实施适航管理，首先要建立并不断完善一套技术性和管理性法规体系，即针对各类民用航空器制定相应的技术性适航标准，把国家的航空安全政策细化和法律化，使适航管理有严格的技术性法律依据；同时，适航管理还要制定相应的管理性审定监督规则，明确、详细地规定适航管理的实施步骤和方法。这些规则是保证贯彻适航标准、有效地开展适航管理工作的行动指南。

2.民用航空器设计的型号合格审定

对民用航空器的设计进行型号合格审定，是适航管理最重要的环节。民用航空器的固有安全水平是在设计阶段确定的。适航部门要根据反映最低安全水平的适航标准，按严格、详细的审定程序对民用航空器设计过程和有关的试验或试飞进行逐项审查和监督。只有符合适航标准、通过型号合格审定、取得型号合格证的民用航空器，才具备投入生产和使用的资格。

3.民用航空器制造的生产许可审定

为保证民用航空器的制造符合其型号合格证书的规定和满足设计要求，适航部门必须对制造厂的质量保证系统和技术管理系统进行全面详细的审定，开展制造符合性检查。制造厂必须具备足够的生产能力，通过生产许可审定并取得生产许可证之后，才具备生产民用航空器的资格。生产许可证书详细规定了允许生产的产品。经过批准的质量保证和技术管理系统不得随意更改，并须接受适航部门的监督、检查。

4.民用航空器的适航检查

为保证每一架在册民用航空器的使用安全，在航空器投入运行之前，适航部门要对其进行适航检查。航空器及其各种装置、设备均需要处于适航状态，各类技术文件合格、齐全，并取得适航部门颁发的航空器适航证书，方可投入使用。

对在外国注册的民用航空器,若由中国使用者在中国境内使用,则必须得到中国适航部门的批准。

5.民用航空器的持续适航管理

民用航空器的持续适航管理是民用航空器投入使用之后,为保证其始终处于适航状态和始终处于安全运行状态所实施的管理。为保证正确、安全地使用民用航空器,适航部门要对民用航空器的使用者提出明确的要求和使用限制,并对其进行监督检查。适航部门要建立各种渠道,以便经常收集、分析和控制民用航空器使用过程中的不安全因素,并随时颁发适航指令,要求制造者和使用者对航空器进行检查、改装或修理。

适航部门还需要对民用航空器的维修单位进行审查,要求其建立严格、合理的质量保证和技术管理系统并取得维修许可证。对于已取得维修许可证的维修单位,适航部门还须定期和不定期对其进行监督和检查。

此外,对负责维修和检验民用航空器的人员,需要接受适航部门的考核并取得相应的人员执照,以保证人员的素质和技术水平符合规定的要求。

1.3 适航管理与民用航空安全的关系

1.3.1 民用航空安全

民用航空的安全性,不仅取决于航空器的设计、制造和维修质量,还涉及各类技术人员的素质、各相关机构部门人员的工作水平和各项保证设施设备的质量状态。因此,民用航空安全是一项综合性的系统工程。

1.影响民用航空安全的因素

安全是民用航空活动的根本和前提,虽然目前民用航空器自动化水平、可靠性和安全性水平日益提升,但依然面临极大的安全风险,需要对其进行综合梳理和分析,以更好地保障民航安全。

基于相关安全风险因素分析的文献,以及对世界各国民航空难事故的统计分析,总体来看,可以将影响民用航空安全的因素分为 3 个部分,即人为因素、飞机因素和飞行环境因素。

(1)人的错误对民用航空安全的影响就是人为因素。人总会犯各种各样的错误,发生失误或差错,对不同的人来说,错误的频率和严重程度会有差别。一般来说,人为因素在民用航空飞行安全中主要指驾驶员的因素,包括驾驶员的决策失误、疏忽和过失等。

(2)飞机故障是工程研发领域最为常见的,主要包括飞机机械、电子、电气、发动机等故障,以及零部件和机载设备故障,还包括飞机前端设计所存在的缺陷,另外,飞机质量、重心和结构等状态变化也会对飞行安全造成较大的影响。

(3)飞行环境也很大程度上会影响民航飞行安全。飞行环境包括飞行器运行所涉及的跑道、气象条件等。飞行环境因素可能会使飞行员产生误判甚至使飞机本身气动特性发生改变,从而最终酿成飞行事故。从统计分析结果来看,雨雪、结冰、大气紊流等是起主要作用的飞行安全环境因素。

2. 民用航空安全的状况

2019 年国际民航组织(ICAO)的统计数据显示,当年全球航空事故相比 2018 年有所下降,共发生 86 起重大事故。

从设计角度讲,适航要求飞机系统的安全性水平达到 1×10^{-9},即每飞行小时发生事故的概率为十亿分之一,给运营维修一个安全余度,从而保证百万飞行小时的安全水平。这等同于人的自然意外死亡率,也是公众、乘客、飞机设计制造人、运营商都能接受的安全水平。各种交通工具的事故致死情况如图 1-3 所示。

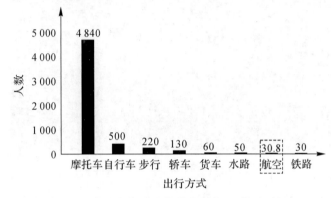

图 1-3　各出行方式的事故致死情况(每 10 亿 h)

3. 空难发生的飞行阶段

图 1-4 所示为 1942 年至今飞机事故发生阶段统计。根据图 1-4 和历史统计数据来看,飞机超过 60% 的飞行事故发生在起飞、降落阶段。

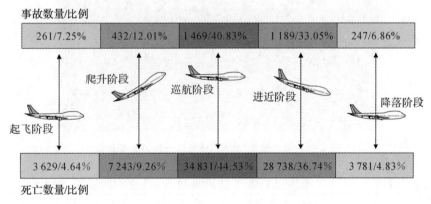

图 1-4　1942 年至今飞机事故发生阶段统计

在飞行业界历来有起降"黑色 11 min"的说法,即起飞爬升 5 min,进近着陆 6 min。这是因为所有飞机的起飞、降落阶段,都处于对流层,其气流上下相互对流,天气状况复杂多变,飞机容易发生颠簸和事故。另外,在上述两个阶段,飞行员需要处理各种突发情况,并需要时刻关注飞机航向、高度等状态信息,不能出现任何偏差。

在起飞阶段或降落阶段,飞机速度均达到一定的水平,超过起飞决断高度、低于降落决断高度之后,无论出现什么情况,都必须继续起飞或者继续降落。这是因为起飞阶段剩余跑道已经不够飞机安全停下,一旦冲出跑道就更加危险;同样,降落阶段剩余高度已经不足以使飞机改变惯性迅速拉起,极易发生擦地等风险。

例如,2000 年 7 月 25 日,法国航空一架"协和"号飞机从巴黎夏尔·戴高乐机场起飞不久便坠毁在巴黎市郊(见图 1-5),造成 113 人死亡,其中还包含 4 名地面人员。这次空难也是导致"协和"号飞机退役的主要因素。

图 1-5 2000 年"协和"号飞机起飞事故

事后法国官方调查发现,空难发生当天跑道上留有一条由美国麦道 DC-10 飞机发动机掉出的长条形金属条,在"协和"号飞机起飞前并未清理,如图 1-6 所示。

图 1-6 可能造成"协和"号飞机空难的地面异物

在"协和"号飞机起飞时,飞机机轮碾压过该金属条,导致轮胎破裂,轮胎碎片高速崩向机翼油箱,导致油箱盖受压打开,燃油泄漏;其余碎片割断起落架电缆线,引起火花,引燃泄漏油从而起火,并最终导致飞机坠毁。

低空空域鸟类活动频繁,极易发生鸟击事故。2009 年 1 月 15 日,一架空中客车 A320 飞机从纽约起飞前往北卡罗来纳,再转飞西雅图。该飞机起飞后不久就遭遇鸟群,导致两侧发动机受损,并最终以哈德逊河作为紧急迫降地点。机长凭借高超驾驶能力在该河面上迫降,成功挽救了 100 多人的生命,创造了世界航空史上最成功的迫降案例,如图 1-7 所示。

图 1-7 A320 飞机迫降在哈德逊河面

1.3.2 适航性对民航安全的作用

1. 适航性是保障民用航空安全的物质基础

从上述大量空难原因分析中可以看出,造成事故的主要原因是人为因素,而不是航空器本身出问题。但是,要保证民用航空安全,仍不能忽视航空器本身的适航性,包括航空器的设计、制造和维修质量。

2. 适航性在民用航空活动的各方面都影响着民用航空安全

影响民用航空安全的因素是多方面的,虽然适航性仅仅是整个民用航空安全链条中的一个环节。但是,这个环节遍布航空器的设计、制造、使用和维修的每一个阶段,并且反映了航空器从诞生到终结的全部过程。

1.3.3 民用航空器适航管理在保障航空安全中的作用

适航管理是从绘图桌上开始的,通过型号、生产许可的初始适航审定,直到持续适航性管理,进行全过程的管理和监督,贯穿于民用航空器从孕育诞生到寿命终止的全过程。民用航空器适航管理在保障航空安全过程中,所起到的作用包括:

(1)从最低安全要求做起,对标最高安全等级水平。民用航空规章规定了民用航空器的适航性要求,这些适航规章是确保民用航空安全的最低安全标准,是基于可靠性系统工程的综合考虑,并力求平衡。

民用航空器的适航管理就是要在保证实现最低安全标准要求的基础上,促进民用航空企业建立更强的质量意识和安全意识。民用航空企业的质量意识和安全意识越强,其可靠性系统工程工作就会越完善。

(2)从颁发各种适航证件入手,实施质量监督管理,促进企业建立自我审核机制。

1)适航部门对企业的质量监督管理首要目标是促进企业适航观念的转变。

2)适航部门对企业的质量监督管理最重要的是对企业质量保证系统的评审。

3)适航部门对企业的质量监督管理最关键的是促进企业建立自我审核机制。

4)以外促内,以适航管理促进企业的发展和进步。

1.4　国际民航组织

1.4.1　芝加哥会议

第二次世界大战(简称二战)以后,航空技术得到突飞猛进的发展;随着战后经济的好转,和平时期客货运输的需求逐步增加,而民航作为一个全球性产业,其发展面临较大的障碍。

1944 年初,美国政府和其他盟国政府邀请各国在芝加哥开会。会议召开时间是 1944 年 11—12 月,参加国共 54 个,出席人数 700 余人。时任美国总统罗斯福在开幕致辞中提到会议的目的:制定一项对所有国家的主权和法律平等给予充分承认的基本法律,以便航空公司为人类服务。澳、新、加、英、美提交了公约文本草案供会议审议。

会议签订了 5 份重要文件:①《芝加哥公约》(即《国际民用航空公约》)(1947 年 4 月 4 日生效,替代 1919 年《巴黎公约》和 1928 年《哈瓦那公约》);②《国际航班过境协定》(1945 年 1 月 30 日生效);③《国际航空运输协定》(1945 年 2 月 8 日生效);④《关于国际民用航空的临时协定》;⑤《公约 12 项技术附件草案》。此外,还签订了供各国政府间使用的《双边协定标准格式》。

会议决定由 21 国代表组成临时理事会,会议按以下 3 类选出 20 国:

A 类 (7 国):比利时、巴西、法国、墨西哥、荷兰、英国、美国。

B 类 (5 国):加拿大、印度、伊拉克、挪威、秘鲁。

C 类 (8 国):澳大利亚、智利、中国、哥伦比亚、捷克斯洛伐克、埃及、萨尔瓦多、土耳其。

1.4.2　《芝加哥公约》

《芝加哥公约》签订于 1944 年 12 月 7 日,参加芝加哥会议的 54 个国家中的 52 个国家在文件上签字。1947 年 4 月 4 日,即美国作为第 26 个国家递交批准书 30 天后,《芝加哥公约》在该国生效;以后每一国家批准公约,自其批准书交存后第 30 天起,对该国生效(第 91 条)。加入公约,即意味着加入了国际民航组织;现缔约国总数为 190 个。该公约是国际民航组织成立和工作日常运转的法律依托。公约开宗明义,在序言中宣布,签字各国“使国际民用航空按照安全和有序的方式发展,并使国际航空运输业务建立在机会均等的基础上,健康地和经济地经营”。在第一条还明确规定:“各缔约国承认每一国家对其领土之上的空域具有完全的和排他的主权。”

该公约除序言和结尾外,共分 4 部分、22 章、96 条。4 部分包括空中航行、国际民航组织、国际航空运输、最后条款。

到目前为止公约共有 18 个附件,简要说明如下:

附件 1:颁发人员执照,为飞行机组成员、飞行签派员/飞行运行人员、空中交通管制员和飞机维修人员执照的颁发和更新提供了标准。

附件 2:空中规则,包含与目视和仪表飞行相关的规则。

附件 3:国际空中航行的气象服务,规定国际空中航行气象服务和航空器观察的气象报告。

附件 4:航图,包含国际航空中使用的航图规范。

附件 5:空中和地面运行中所使用的计量单位,该附件列出在空中和地面操作中使用的量纲系统。

附件 6:航空器的运行,该附件包含了各种规范,以保证全世界各种航空器运行的安全水平保持在规定的最低标准之上。

附件 7:航空器国籍和登记标志,该附件规定航空器标识和登记的要求。

附件 8:航空器适航性,该附件规定航空器审定和检查的统一程序,包括大型飞机、直升机、小型飞机、发动机和螺旋桨的适航审定标准。

附件 9:简化手续,该附件规定过境手续的简化程序。

附件 10:航空电信,第 1 卷规定通信设备和系统的标准,第 2 卷规定标准的通信程序。

附件 11:空中交通服务,包括建立和使用空中交通管制、飞行情报和告警服务的信息。

附件 12:搜寻与救援,提供搜寻与救援所必需的组织和使用有关设施与服务的信息。

附件 13:航空器事故和事故证候调查,该附件对航空器事故的通知、调查和报告规定了统一的做法。

附件 14:机场,提供机场设计和设备的规范。

附件 15:航行情报服务,包含收集和分发飞行所必需的航行情报的方法。

附件 16:环境保护,包括航空器噪声的审定、噪声监测和供制订土地利用计划的噪声影响范围的规范(第 1 卷)以及航空器发动机的排放物的规范(第 2 卷)。

附件 17:防止对国际民用航空进行非法干扰行为的安全保卫,规定了保护国际民用航空免受非法干扰的方法。

附件 18:危险品的安全航空运输,包括危险品的标识、包装和运输的规范。

1.4.3　国际民航组织

国际民航组织依据《芝加哥公约》成立,是全球性政府间国际组织,联合国专门机构之一。其目的和宗旨(《芝加哥公约》44 条):发展国际空中航行的原则和技术,促进国际航空运输的规划和发展:

(1)保证全世界国际民用航空安全地和有秩序地发展。

(2)鼓励发展和平用途的航空器的设计和操作。

(3)鼓励发展国际民用航空应用的航路、机场和航行设施。

(4)满足世界人民对安全、正常、有效和经济的航空运输的需要。

(5)防止因不合理的竞争而造成经济上的浪费。

(6)保证各缔约国权利充分受到尊重,每一缔约国均有经营国际空运企业的公平的机会。

(7)避免各缔约国之间的差别待遇。

(8)促进国际空中航行的飞行安全。

(9)普遍促进国际民用航空技术在各方面的发展。

国际民航组织的出版物通常分为两类:

（1）经理事会批准出版的会议最终报告、国际标准和建议措施、空中导航服务程序、补充程序、地区计划等。

（2）依据理事会批准的原则和政策，由秘书长授权编写、批准出版的外场手册、国际民航组织通告、空中航行计划、技术手册等。

这些出版物或者为缔约国提供了在国际航行中必须遵守的标准，或者为执行这些标准提供了可接受的符合性方法。

国际民航组织的永久地址，是根据国际民航组织临时大会确定的，其设在加拿大蒙特利尔市。《芝加哥公约》关于这一问题的条款（45条）在1954年作了修改，不少于缔约国总数3/5的支持票才能决定将永久性地址迁移他处。

国际民航组织由大会、理事会和其他必要的机构组成，理事会设理事会主席和秘书处。秘书处设有5个局——航行局、运输局、法律局、行政和服务局、技术合作局，在秘书长领导下从事日常工作。此外还有几个独立的部门直属秘书长领导。技术合作局在邻近地点办公，经费独立。

秘书处另设7个地区办事处——亚太（曼谷），东南非洲（内罗毕），欧洲和北大西洋（巴黎），中东（开罗），北美、中美和加勒比（墨西哥城），南美（利马），中西部非洲（达喀尔）。

国际民航大会是国际民航组织的最高权力机构，亦被称为主权机构。会议每3年召开1次，由理事会组织。如理事会决定，或不少于1/5的缔约国要求，可随时举行特别会议，历史上迄今共召开过9次特别会议，最近一次是2003年3月31日—4月1日召开的第34届大会，增选了新加坡、智利和南非作为理事会3个新的成员，使得理事会的席位由33个增至36个。

国际民航组织会员国享有同等代表权、一票表决权。如果会议法定人数未过半数，会员国连续3年不缴纳会费，而又未与本组织达成有关协议，或虽达成协议但却不履行协议，那么这样的国家将被中止行使投票权。

（1）国际民航大会的主要权力和职责是：

1）选举理事国。

2）审查理事会的各项报告，并采取适当行动。

3）表决各年度预算，决定财务安排。

4）审核支出，批准账目。

5）决定将有关事项交给理事会及其他机构处理。

（2）国际民航组织理事会的主要职责包括：

1）向大会提出年度报告。

2）执行大会指示，履行公约规定的职责和义务。

3）设立附属委员会。

4）任命秘书长。

5）通过标准和建议措施。

6）批准航行服务程序。

7）审议航委会有关修改附件的建议等。

国际民航组织还设立专门委员会，委员会的职责是就某专项业务进行审议，向理事会提出建议。除航行委员会、航空运输委员会和财务委员会外,理事会根据议事规则还可设立常设或临时的其他专门委员会或工作组。现有的此类委员会包括非法干扰委员会、技术合作委员会、联合支助委员会、法律委员会、航空环保委员会。

1.5 国际主流适航当局简介

1.5.1 FAA 适航审定的发展历史

1. FAA 的发展历程

美国联邦政府在 1926 年 5 月 20 日通过的商业航空法案,为美国民用航空规章奠定了基石。当时航空业普遍意识到只有提高和制定安全标准,航空运输业才能更好地发展。出于这个原因,航空业要求联邦政府通过商业航空法案。法案要求商务部发展航空运输市场、颁布和加强空中管制规则、认证机组资质、取证飞机、建立航空公司和运行维护导航设备。为此,商务部专门设立了一个航空机构(Aeronautics Branch)进行监管。此机构初期的职责主要是制定安全规章、取证飞机和认证机组资质。

1934 年,商务部下属的航空机构改名为商业航空局(Bureau of Air Commerce)。随着商业飞行的增加,商业航空局鼓励航空公司自己在飞行航路上建立空中交通管制地面站。1936 年,商业航空局接管了航空公司设立的空中交通管制地面站并开始增设新的地面站。

1938 年,民用航空法案要求民用航空的管理职责从商业部转移到一个新设立的独立机构——民用航空管理当局(Civil Aeronautics Authority)。1940 年,时任总统富兰克林·罗斯福将民用航空管理当局拆分为两个机构——民用航空局(Civil Aeronautics Administration,CAA)和民用航空委员会(Civil Aeronautics Board,CAB)。CAA 主要负责空管、飞行员资格认证和飞机取证、航空安全和航线认证。CAB 主要负责制定安全规章、事故调查和航空公司运营管理。

随着更多的喷气客机投入运营,空中安全事故也随之增多,这促使政府在 1958 年颁布了联邦航空法案。法案要求将 CAA 的职责转移到新设的独立机构——联邦航空局(Federal Aviation Agency,FAA),把制定安全规章的职责从 CAB 转到 FAA,FAA 还负责军民共用的导航和交通管制系统。

1966 年成立的交通运输部将联邦航空局纳入自己管辖的几个部门,同时联邦航空局(Federal Aviation Agency,FAA)改名为 Federal Aviation Administration(FAA),即现在 FAA 的全称。之前 CAB 负责的事故调查职能也转移到新成立的国家交通安全委员会(National Traffic Safety Board,NTSB)。

FAA 最初的组织架构是采用总部设在华盛顿的垂直管理的模式,所有项目由总部直接控制,后来组织架构又演变成扁平化管理模式,赋予各地区机构更多权限,直到 1988 年,又恢复到以前的垂直管理模式。

2. FAA 的职责范围

(1)安全规章。FAA 负责制定航空器生产、运行和维护的安全标准和相应规章,也负责飞行员和机场的认证。

（2）空域和交通管制。安全高效地使用空域是 FAA 的首要目标,FAA 负责管理机场塔台,航路管制中心和飞行服务站;同时,FAA 主要负责制定空中管制规则、分配飞行空域和指挥空中交通。

（3）导航设施。FAA 负责建设、维护、运营地面导航设备,包括语音和数据通信设备、雷达站、计算机中心等。

（4）航空业推动。FAA 负责推动航空业的发展,主导行业标准制定,与国外管理当局共享信息,以推动国外航空业的发展水平。

（5）商用太空运输。FAA 负责管理商用太空运输行业,主要是对商用空间发射设施和私用发射装备进行审核。

（6）研究。FAA 负责研究和发展更先进的导航和空管系统,帮助企业研制更先进的航空器、发动机和设备,FAA 还负责航空医学方面的研究。

3.FAA 的规章体系介绍

美国联邦法规总共有 50 部,其中与航空业相关的是第 14 部——航空和航天法规。《航空和航天法规》又分为 5 卷,其中第 1~3 卷是针对民用航空的法规,见表 1-1。

表 1-1 FAA 的规章体系

题目	卷号	章节	分部	监管实体
航空航天	1	Ⅰ	1~59	联邦航空局、交通部
	2		60~109	
	3		110~199	
	4	Ⅱ	200~399	部长办公室、交通部（航空）
		Ⅲ	400~1 199	商业航天交通、联邦航空局、交通部
	5	Ⅴ	1 200~1 299	国家航空航天局
		Ⅵ	1 300~1 399	航空运输系统

自 1958 年以来,行业内一般使用 FARs 作为联邦航空法规（Federal Aviation Regulations）的缩写,这个缩写容易跟另外一部联邦法规 Federal Acquisitions Regulations（第 48 部）混淆。为了避免出现这种情况,FAA 开始使用"14 CFR part ＋字号"来引用某些法规。可以看到大多数规章和法规使用奇数编号,这是因为 1958 年 FAA 在对联邦航空法规重新编号时为将来新的法规作了编号预留。

FAA 有时也会根据需要下发特殊联邦航空法规（Special Federal Aviation Regulations,SFAR）。SFAR 一般是作为某些 FAR 的补充或针对特殊情况颁布的法规,SFAR 与其他 FAR 法规没有直接关联,且超过有效期后就会废除。与 FAR 不同的地方是,SFAR 的编号一般是连续的,SFAR 也是强制执行的。例如:SFAR 88 是关于油箱防火防爆的要求;SFAR 92 是关于安装增强型驾驶舱门的要求。

4.FAA 支持性文件介绍

当访问 FAA 网站查阅文件时,会发现 FAA 颁布了很多种不同形式的文件,如果不清楚各种文件的用途和范围,会导致查阅文件不准确的情况。正常来讲,FAA 颁布的文件一般有政策(Policy)、咨询通告(Advisory Circular,AC)、适航指令(Airworthiness Directive,AD)、临时飞行限制(Temporary Flight Restriction,TFR)、给飞行员通知(Notices to Airmen,NOTAMs)、拟议规则制定通知(Notice of Proposed Rule Making,NPRM)、通知(Notice)、指令(Order)。

(1)Policy:一般作为 AC、法规、Order 的解释性、补充性文件。Policy 不要求强制执行,一般以备忘录的形式存在,可以通过 Policy 编号、法规编号、颁布日期、AC 编号和 Order 编号来查询。

(2)AC:通常说的咨询通告,不需要强制执行。咨询通告给用户提供了满足规章的方法,但这个方法并不是满足法规要求的唯一方法。FAA 也会接受其他等效满足的方法。咨询通告不会改变、增加或偏离现行的法规要求。

(3)AD:适航指令,强制用户执行的指令,它是 FAA 按照 FAR39 部要求,为纠正航空器、发动机或部件的不安全状况下发的文件。

(4)TFR:航空情报的一种,给出航空器飞行航路上因战争、火山等危险状况需避开的限制区域。

(5)NOTAM:航空情报。

(6)NPRM:FAA 在更改法规前会发布 NPRM,供公众讨论并提出意见,NPRM 一般包括要修改的规章内容和相应的支持信息。

FAA 在新增、修改、取消法规前,一般按照以下程序进行:

1)An advance notice of proposed rulemaking(ANPRM)。

2)A notice of proposed rulemaking(NPRM)。

3)A supplemental notice of proposed rulemaking(SNPRM)。

4)A final rule。

5)A final rule with request for comments。

6)A direct final rule。

(7)Notice:属于 FAA 内部通知类的文件。它是临时性指令,一般有一年的有效期,过期文件失效。如果文件需要修改或延期,Notice 将会转变成 Order 并指定一个新的序号。Notice 包括 General Notice(GENOT)、Regional Notice(RENOT)和 Service Area Notice(SERNOT)。GENOT 是由华盛顿总部颁布的。RENOT 和 SERNOT 是由区域办公室颁布的。Notice 一般是在紧急情况下或需要立即采取措施时颁布。

(8)Order:FAA 内部的工作文件,除非取消,否则一般作为永久有效的指令。

1.5.2　EASA 适航审定的发展历史

二战以后,世界航空业有了长足的发展,尤其是美国,几乎一度垄断了社会主义阵营国家之外的全部大型商用客、货机市场。到了 20 世纪 70 年代初,欧洲国家通过整合欧洲内部的技术和资源,来联合设计和制造大型商用飞机。随后,欧洲成立了联合适航局,最初成立的目的仅仅是建立对大型飞机和发动机的通用型号代码,以满足欧洲航空业的需要,尤其是几个国家间相互协作制造飞机的需要。到 1987 年,联合适航局的工作已经扩展到飞机的运营、维修、人员执照和设计认证等领域,覆盖生产、设计、维修机构的认证和通用程序。

1990 年,在塞布鲁斯会议上,联合适航局(Joint Aviation Adminision,JAA)正式成立,JAA 的主要职责就是制定和完善联合航空规则(Joint Aviation Requirements,JAR),其内容涉及飞机的设计和制造、飞机的运营和维修,及民用航空领域的人员执照等,并进行相关管理和技术程序的制定。JAA 的成立,保证了成员国之间的合作,使各成员国之间的航空安全水平达到一个较高的水准。同时,JAA 的另一项职责是,同世界上在民用航空领域有影响力的区域或国家航空当局进行交流与合作,并通过缔结国际协议,促使世界范围内的民用航空安全标准和要求达到 JAA 的安全水平。但是 JAR 的所有要求对其成员国都不具有法律效力,各国的航空当局还会根据自己国家的情况或高或低地制定自己的航空法规,欧洲各国间的航空规则标准不能完全统一,这不利于欧洲区域一体化的进一步发展,也不能满足欧洲航空领域未来的需要。因此,客观上就需要一个拥有更大权力的、对成员国具有约束力的组织来统一管理欧洲的航空领域,即欧洲联盟领导下的欧洲航空安全局(European Union Aviation Safety Agency,EASA)。

欧洲联盟(European Union,EU),简称欧盟,是欧洲最大的、在世界上具有重要影响的、一个集政治实体和经济实体于一身的区域一体化组织。欧盟是由欧共体发展而来的,它的雏形是在 1952 年由欧洲六国建立的欧洲煤钢共同体,其目的是消除欧洲各国在煤钢贸易中的关税壁垒,有利于各成员国间煤钢货物的流通。1957 年,又建立了欧洲经济共同体和欧洲原子能共同体。1965 年,这 3 个机构合并为欧洲共同体(简称欧共体)。到 1973 年,欧共体成员扩大到 12 个国家,成为欧洲国家经济、政治利益的代言人。欧洲各国领土面积较小,资源也分布不均,如果在流通领域存在关税壁垒,那么不利于各国经济的发展。特别是第二次世界大战以后,欧洲各国实力的下降,使其意识到只有通过经济乃至政治上的联合,即从初级的经济联盟到高级的经济联盟,再过渡到政治的联盟,才是保持欧洲国家的经济和政治地位的最好办法。因此,"欧盟"也就应运而生了,1993 年,欧盟正式建立并取代欧共体,欧洲各国迈出了走向统一的重要一步。

欧盟自成立以来就一直在为欧洲寻找一个类似于美国的联邦航空局(FAA)的航空安全机构,来负责起草并制定全欧盟的民用航空安全和环境方面的规定,使其满足较高安全水平的要求,并在整个欧洲实施统一的航空管理和监控实施机制,将其提升到世界级水平。除了帮助确保一致性和高水平的航空安全,该机构也有助于提升航空工业的竞争力,从而实现有效的管制,降低航空公司、制造厂家、服务组织和其他业内机构的取证成本。

2002 年 6 月,欧盟 15 国在布鲁塞尔的会议上决定成立欧洲航空安全局(EASA),目标是最大限度地保护公民的安全,促进欧盟航空业的发展。EASA 将接替所有 JAA 的职能和活动,同时允许非欧盟的 JAA 成员国和其他非欧盟的国家加入。此后,欧洲自由贸易组织(挪威、瑞士和冰岛)在 EASA 成立后加入了欧洲航空安全局。EASA 机构的主要职责是起草民用航空安全法规,还将给欧盟提供技术专家,并为有关的国际协议的结论提供技术上的帮助。除此之外,该机构执行与航空安全相关的运行颁证工作,例如航空产品和有关设计、制造和维护的组织的认证。这些认证活动有助于确保适航性和环保标准在成员国内达到同等水平。客观上也要求在欧盟内部必须有这样一个权力机构进行立法和对法规的实施进行监督。因此,在 2002 年 7 月,欧盟委员会一致通过编号为 1592/2002 的法案,这也是 EASA

的一个基本立法文件。文件中规定,要建立持续保障民用航空安全和环境保护的通用规则,建立欧洲航空安全局确保实施其法规规定的职能。通过第二级的立法,建立有关所有机型的持续适航标准,同时也规定了负责飞机设计、制造和维修相关的机构和人员的安全标准。2003 年 9 月,通过了 1702/2003 的实施规则——产品审定部分,它包括一个实施法规——21 部和相关的审定规范(CS - 23、CS - 25、CS - E 等)。2023 年 11 月,又通过了 2042/2003 的实施法规——维护部分,它包括 4 个实施法规——M 部(适航)、145 部(维修机构)、66 部(放行人员)、147 部(维修培训机构)和相关 AMC(当局接受的符合性方法)和 GM(指导文件)。今后,EASA 还将把法规范围扩大到飞机营运人的运行规范和飞行员执照等方面。

　　EASA 的总部将把临时设在比利时布鲁塞尔的办公地点迁到德国科隆。EASA 的成立,给全球民用航空业带来了巨大的影响力。经过 EASA 批准的产品和服务将适用于整个欧洲,无须再取得各国的批准。

1.5.3　其他国家适航体系简介

1.俄罗斯适航体系

　　俄罗斯有两个适航组织——俄罗斯航空委员会航空注册局(the Aviation Register of the Interstate Aviation Committee,IACAR)和俄罗斯联邦航空局(the Federal Aviation Authority of Russia,FAAR)。

　　IACAR 隶属于独联体民用航空飞行安全国家委员会,负责型号设计批准、航空产品的初始适航审定,并处理所有与航空器型号设计监视和持续适航产品相关的事件。FAAR 负责在俄罗斯运行的所有航空器的持续适航审定相关事件。俄罗斯适航架构如图1-8 所示。

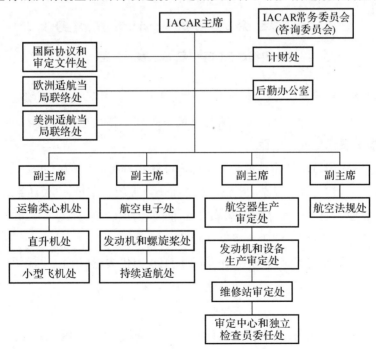

图 1 - 8　俄罗斯适航架构

2.巴西适航体系简介

巴西民航工业在国际上是支线航空器制造业的领军者,具有适航审定技术发展的基础。巴西民用航空署是巴西的民航管理机构,成立于 2006 年 3 月,总部设在巴西利亚,主要负责管理和监督民航航空安全方向的问题,履行巴西民航的职能。

巴西民用航空署的顶层管理人员由 5 名成员(其中之一为总裁)组成,成员由巴西总统提名并经参议院批准。

3.加拿大适航体系简介

加拿大适航审定体系与 FAA 基本类似。加拿大民航管理机构是加拿大航空运输局,隶属于加拿大交通运输部。其适航组织机构分三级。总部设在渥太华,全国设有 6 个地区办公室和 12 个地方办公室。

加拿大航空运输局下设适航处,负责航空器、发动机、附件、设备等的设计批准(Design Approval,相当于 FAA 的型号合格审定)和公司批准(Company Approval,相当于 FAA 的生产许可审定)。

4.日本适航体系简介

日本民用航空局隶属于国土交通省,主要负责航空器、机场和航空运输基础设施的检查,航空公司运行和维修系统的检查,国外注册飞机在日本机场的地面检查,保证航空交通安全,提高旅客便利和航空运输服务水平。

1.6 运输类飞机设计发展趋势和适航审定发展趋势

从 1903 年莱特兄弟发明飞机到今天,运输类飞机的设计发展主要历经了 4 个阶段:

第一阶段为 1926—1958 年。该时期的飞机系统和结构简单,使用螺旋桨发动机,安全性不高,仅考虑分立元件的安全性。

第二阶段从波音 B707 开始到波音 B737-300 结束,时间大概为 1958—1985 年,该时期的飞机是喷气式的,结构较为复杂,但航电系统相比当下较为简单,更关注系统级的安全性。

第三阶段是空客 A320 系列和波音 737NG 系列,时间大概是 1985—1997 年,飞机结构和系统都变得日益复杂,更关注飞机级安全性。

第四阶段以空客 A380、波音 B787、巴航 ERJ190 为代表,结构上大量使用复合材料,系统上采用高度综合的复杂系统,常规穷举法已经不能保证飞机的安全性,要结合过程控制来保证飞机的安全性。

从以上 4 个阶段可以看出,飞机的设计走过了一条从简单到复杂的道路。

从设计模式上讲,主设计人和系统供应商对飞机联合定义,系统供应商按联合定义的要求负责系统的具体设计,主设计人对供应商进行有效控制并负责系统综合。

从技术上讲,如今的飞机大量使用复合材料,突破了过去的结构设计包线,使飞机更轻,更便于维修。采用高度综合的复杂系统,使飞机自身系统和空管、运营、维修、机场管理、娱乐等高度综合,全面提高安全性和可运营性。系统安全性设计引入了过程控制的理念。

从审定的角度来说,随着上述运输类飞机的设计发展,为了飞行安全,局方需要和申请人全面合作,使用专项合格审定计划(Project Specific Certification Plan,PSCP)、审定计划(Certification Plan,CP)对符合性验证和审查活动进行全面规划,并更加注重过程控制。

第2章 中国民用航空器适航管理工作

无论是国外还是国内,民用飞行器的发展都是在军用飞机或者军用运输机的基础上发展起来的。

2.1 国外民机发展历程

飞机在刚刚诞生后的40年里,主要作为占领制空权的军事武器使用。特别是二战期间,飞机受大规模军事需求的刺激,得到了空前发展。二战时期所设计的超级马林"喷火"MKV战斗机如图2-1所示。

图2-1 超级马林"喷火"MKV战斗机

后来,西方航空发达国家开始将军用航空技术转为民用航空技术,英国的德·哈维兰公司甚至比美国波音公司更早研制生产出喷气式客机,命名为"彗星号",如图2-2所示。从1949年开始生产到1964年停产,共生产了114架。该型飞机运营期间,共发生6次重大解体爆炸事故,100多人罹难。事故发生后经分析可知,"彗星号"飞机大部分事故都是结构设计问题导致的,飞机蒙皮所用的金属材料,其性能和厚度不能承受高速、高压飞行的环境,在复杂交变应力作用下,发生了疲劳断裂或破裂。

"彗星号"飞机的事故,不仅是飞机结构材料的设计制造问题,更是因为飞行器刚步入高速飞行时代,航空工程师对更加严苛的飞行条件下材料疲劳强度要求的认识、研究和实践经验不够。与之相关的断裂力学、强度试验、失效分析等基础科学和技术在航空领域的应用还不成熟,制造技术还不先进,民机适航认证尚未起步,属于现代航空运输发展的初级阶段。"彗星号"飞机的事故,使业界将"保证民用飞机的安全性"提上了议程。

图 2-2　哈维兰"彗星号"Ⅰ型飞机

洛克希德公司生产的星座式飞机(1943 年)和道格拉斯生产的 DC-6 飞机(1946 年)都采用活塞式发动机,且外形基本相同,如图 2-3 所示。

图 2-3　星座式飞机

作为 B707 飞机的原型机,波音公司于 1952 开始研制,1954 年首飞了 DASH 80 飞机。美国军方在该型飞机的基础上发展出了著名的 C-135 运输机和 KC-135 加油机。后续在军方的许可下,波音将其发动机由涡轮喷气发动机更换为效率更高、性能较好的涡轮风扇发动机,并做了许多改进,成为当今民航飞机经典布局的 B707 飞机,并于 1958 年 10 月投入航线使用,如图 2-4 所示。

图 2-4　B707 飞机

B707 也有不少改型应用于军事方面,军用型除 KC-135 外还包括美空军的 E-3、E-6 和 E-8 等。此外,美国过去的总统专机也是由 B707 飞机改装而成的。由 B707 飞机基本型改进而来的 100/200 型,主要用于美国国内航线;而作为其加长型,B707 - 300、B707 -400 型主要用于洲际航线。

1972 年,时任美国总统尼克松正是乘坐由 B707 飞机改装的美国"空军 1 号"飞抵中国,中国也由此开始认识到波音飞机,同年,中国就订购了 10 架 B707 飞机,标志着波音飞机进入中国市场。

目前仍有 100 余架民用型 B707 在使用中,主要改装为货机使用。为了符合日益严格的噪声标准,B707 飞机上一般都加装降低噪声设备,这种型号被定为 Q707,也有部分波音 B707 飞机为了降低噪声更换使用 JT8D 发动机,并加装小翼以改进性能。

1964 年开始研制的 B737 飞机是波音公司生产的双发(动机)中短程运输机,被称为世界航空史上最成功的民航客机。B737 飞机基本型为 B737-100 型。传统型 B737 分 100、200、300、400、500 型 5 种,1998 年 12 月 5 日,第 3 000 架传统型 B737 出厂。目前,传统型 B737 均已停止生产。

1993 年 11 月,新一代波音 B737 项目正式启动,新一代波音 B737 分 600、700、800、900 型 4 种。其中 B738 - 800 如图 2 - 5 所示,它以出色的技术赢得了市场青睐,被称为卖得最快的民航客机。新一代 B737 系列飞机的尾翼是在中国制造的:上海飞机制造厂负责生产水平尾翼,西安飞机制造厂负责生产垂直尾翼,沈阳飞机制造厂负责生产机身尾部 48 段,这三种产品组合在一起,就是新一代波音 B737 飞机的尾翼。

图 2 - 5 B737 - 800

B747 飞机是波音公司生产的 4 发远程宽机身运输机,1970 年 1 月首架 B747 飞机交付给泛美航空公司投入航线运营,由此开创了宽体客机航线运营新纪元,B747 飞机的双层客舱及独特外形成为其最易辨认的外部特征,如图 2 - 6 所示。

图 2 - 6 B747 飞机

　　法、德、英、荷兰和西班牙等国共同建立的空客公司,是当前世界范围内另一大民用航空工业公司,其于 1969 年 9 月开始研制双发宽体客机 A300 飞机,1974 年 5 月交付使用,如图 2-7 所示。

图 2-7　A300 飞机

　　A300 飞机成为第一架只需两名飞行员驾驶的宽体飞机,A300 飞机与空客 A310 飞机的数位式驾驶舱,已成为业界参考的典范,而 A310 飞机是第一架采用电子飞行仪表与驾驶舱中央电子飞行监视器的客机,其另一个创新在于使用电子信号,取代以往由钢索操作的飞行控制面。

　　如图 2-8 所示,A320 系列飞机是空客公司研制的双发中短程 150 座级客机,是世界上第一种采用电传操纵系统的民航客机,包括 A318、A319、A320 及 A321 四种衍生型号,这四种客机拥有相同的基本座舱配置,飞行员只要接受相同的飞行训练,就可驾驶以上四种不同的客机,这种共通性设计大幅降低了维修成本及备用航材库存。

图 2-8　空客 A320 系列飞机

　　A330 飞机和 A340 飞机是空客公司在分析世界主要航空公司 20 世纪 90 年代需求后,于 1986 年 1 月宣布研制的两种先进双通道宽体客机,如图 2-9 所示。除了发动机的数量和与发动机相关的系统外,这两种机型有很大的共同性,它们有 85% 的零部件可以互相通用,采用同样的机身,只是长度不同,驾驶舱、机翼、尾翼、起落架及各种系统都相同,以降低研制费用。A330 和 A340 采用了许多现代化技术,如电传操纵和多功能座舱显示装置。由于采用先进机翼、高效率发动机及大量的复合材料,减轻了飞机的质量,飞机每座公里油耗和每座直接使用成本都有较大幅度的下降。

　　针对民用航空市场的发展,空客公司调研认为未来发展趋势是干线机场间的大宗旅客点对点运输,由此决定研制迄今为止世界上最大的民用客机 A380,其研制过程经历波折且耗时冗长,最终因多次延期、市场定位偏差等多种因素,已经逐步退出航线市场运营;而波音公司调研认为发展趋势是乘坐舒适性和燃油经济性,并决定研发波音 7E7 梦想飞机,即目前在役的波音 B787 飞机。

图 2-9　空客 A340 飞机

为保证民用航空活动安全,美国 1958 年成立了联邦航空局(FAA),隶属于交通运输部,负责制定民航管理法规文件,并对所有参与民用航空活动(包括运输航空和通用航空)的飞行器、人员、机场、空管、维修及相关设施设备实行严格的准入审查和日常管理。FAA 颁布的适航管理法规和文件体系庞大,分为法规性文件和指导性通知两大类,而法规性文件又分为联邦航空条例(FAR)和技术标准规定(Technical Standard Order, TSO),这些条例和标准对所有在疆域内参与民用航空活动的航空器和相关设施设备、人员实行准入审查许可,对相关工作流程作出了严格的规定。

欧洲国家也逐步建立和完善民航管理机构。欧洲一体化以来,先后成立了欧洲联合航空局及目前的欧洲航空安全局,统一制定民航活动管理法规和标准,在成员国实施应用,并统筹协调欧洲民航飞行活动空域。

其实,民用航空适航管理法规体系,是随着航空科学及相关技术发展、民用航空活动实践总结,特别是诸多事故而逐步完善和提高的。基于航空科技水平领先和民航应用超前这个客观事实,美国联邦航空局和欧洲航空安全局的适航管理法规成为几十年来世界上最权威的两个体系。

FAA 制定的联邦航空条例(FAR)分为若干部,其内容涵盖飞机、发动机、机载设备及相关主要附属设备从设计、制造、试验、试飞到运营、维修保养等全生命周期内应达到的基本技术要求和应遵循的使用管理规则。另外,还对航空公司及其从业人员、机场及人员、空管、维修保障等都制定了相应的法规文件。

FAR - 25 部,即运输类飞机的适航标准。目前衡量某型飞机先进性的重要条件,包括安全性、经济性、舒适性、环保性,而安全性首当其冲。这是因为飞机在空中飞行,一旦出了安全问题就无法挽救。所谓的适航标准,就是保证飞机安全使用应达到的基本技术要求。说起来简单,但达到要求很难。各国民航管理机构对飞机从设计、制造、试验、试飞直至取得型号合格证期间的适航审查,称为初始适航管理;在使用过程中的监管,称为持续适航管理。制造商要想制造一型商用飞机投入市场,必须严格按照适航标准的规定进行研制,并事先向局方提出适航审查申请,从设计开始到取证,全过程、一步步接受局方的适航审查和把关,其中会遇到很多挫折,甚至半途而废。

2.2　国内民机发展历程

2.2.1　中华人民共和国成立前中国民机发展历程

在 1903 年莱特兄弟成功飞行以后,欧美各国掀起了飞行热潮,在旅美华侨中也同样受到了关注。

1909 年 9 月 21 日,中国人的第一架飞机——冯如一号,在美国的奥克兰市郊区试飞成功。这一年,只比莱特兄弟发明的"飞行者一号"飞上蓝天晚了 6 年。而它的缔造者,就是中国航空之父——冯如。

冯如幼时在美国旧金山的亲戚回家省亲,想把冯如带到美国去谋生。冯如听人说,美国科学进步,在求知欲的驱使下,下决心要到国外开开眼界,将来干一番事业。

1894 年,冯如踏上了通往美国的航程。在美国,冯如攻读机器制造专业,具备了广博的机械制造知识。正当冯如潜心研究和制造机械时,东方传来了日本强占我国旅顺口、大连和中东铁路的消息。

起初,他想制造一艘军舰献给自己的祖国,以加强中国的海防力量。后来他想到美国莱特兄弟发明了飞机,各国也纷纷将飞机作为新式航空武器,显然,飞机相比军舰的成本更低,利于批量生产,用处也更大。造飞机因此成为冯如的坚定志向。经过半年努力,他的第一架飞机终于制作出来了,其复原模型如图 2-10 所示。

图 2-10　"冯如一号"复原模型

不幸的是,1912 年 8 月 25 日,冯如在广州燕塘的一场飞行表演中不幸失事牺牲。他短暂的一生,可以说一大半都献给了"冯如一号",献给了中国的航空事业。

1910 年,中国的第一座机场也顺势而生,即北京南苑机场。1913 年 8 月,也就是辛亥革命后,在南苑诞生了中国第一所正规的航空学校——南苑航空学校。

1920 年 5 月 7 日,我国的第一条航线,北京—天津航线开通,中国民航在此拉开序幕。中华人民共和国成立后,历年的中华人民共和国国庆阅兵,南苑机场都担负着保障空、地受阅部队的训练任务。苏联时任最高苏维埃主席团主席伏罗希洛夫访华的专机在这里降落,美国时任国务卿基辛格作为尼克松总统的秘密特使访华也在这里抵达。2019 年,北京大兴国际机场启用后,南苑机场停用并拆除,供城市开发。

1930 年,国民政府与美商合资组建了中国航空公司。它是根据中国法律组成的股份有限公司,中华民国交通部持有 55% 的股份,美方持有 45% 的股份。在当时,空运邮件是航空公司的主要业务,而国民政府给过美方重要航线的独占航邮权,中方话语权很小。中国航空公司的 DC-3 运输机如图 2-11 所示。

图 2-11　中国航空公司的 DC-3 运输机

次年,中华民国国民政府交通部和德意志汉莎航空合作成立欧亚航空公司,以运送航空邮件业务为主。但飞行员都是德国人,空中服务员早期也是欧美女性,后来才有中国女性加入,中方的参与度也是很有限的。但至少,两家公司实现了规模化运营,这也是中国最早的航空公司。截至抗日战争爆发前,中国一共有 4 家航空公司,总航线里程超过 20 000 km。欧亚航空的容克斯 W33 客机如图 2-12 所示。

图 2-12　欧亚航空的容克斯 W33 客机

在抗日战争期间,随着国际局势的变化和战争形势的推移,中国民航经历了一段曲折的历史。其转折点就是 1941 年 12 月 7 日爆发的太平洋事变。事变前,中国民航运输事业在挣扎中求生存,业务日益衰落,欧亚航空已濒临绝境。事变发生后,美国对日宣战,这使得中美正式成为盟军。

1942 年 5 月,日军切断滇缅公路这条战时中国最后一条陆上联外交通线后,中美两国被迫在印度东北部的阿萨姆邦和中国云南昆明之间开辟了一条转运战略物资的空中通道,这条空中通道就叫驼峰航线。航线全长 500 mile(1 mile=1.609 3 km),地势海拔均在 4 500～5 500 m 之间,最高海拔达 7 000 m,山峰起伏连绵,犹如骆驼的峰背,故而得名"驼峰航线"。由于它的海拔高于当时美国主要装备机型最大爬行高度,所以在这条运输线上,飞行员们不得不驾机穿越非常危险的迷宫般的喜马拉雅山隘飞行。

1945 年,二战结束后,美国《时代》周刊这样描述驼峰航线:在长达 800 余千米的深山峡谷、雪峰冰川间,一路上都散落着这些飞机碎片,在天气晴好的日子里,这些铝片会在阳光照射下熠熠发光,这就是著名的"铝谷"——驼峰航线。

驼峰航线是世界战争空运史上持续时间最长、条件最艰苦、付出代价最大的一次悲壮的空运。在长达 3 年的艰苦飞行中,中国航空公司共飞行了 8 万架次,美军先后投入飞机 2 100 架。单是美军一个拥有 629 架运输机的第 10 航空联队,就损失了 563 架飞机。在这条航线上,美军共损失飞机 1 500 架以上,牺牲优秀飞行员近 3 000 人,损失率超过 80%。而前前后后总共拥有 100 架运输机的中国航空公司,先后损失飞机 48 架,牺牲飞行员 168 人,损失率超过 50%。驼峰航线上的飞机残骸如图 2-13 所示。

图 2-13　驼峰航线上的飞机残骸

中国航空公司(简称"中航")也在驼峰航线运营中得到了发展的机会,并逐渐壮大了自己的力量。1941 年,欧亚航空公司资产由国民政府交通部接收,1943 年改组为中央航空公司,简称"央航"。

战争结束后,央航和中航获得了一定的喘息之机。抗战后期改组的央航因为缺乏运力,要开展航空运输业务已经是困难重重,实际可供使用的飞机只剩下两架。1945 年 11 月,央航通过向银行贷款等方式,买下了美军在印度的剩余物资,到 1949 年 10 月,央航已经拥有 42 架运输飞机,运力与中航旗鼓相当。

2.2.2　两航起义

1949 年春天,国共双方的军事政治实力发生了实质性变化。中国共产党七届二中全会后,毛泽东主席、朱德总司令发布《向全国进军的命令》,人民解放军渡过长江,南京、上海解放。国民党政权退居重庆、成都,蒋介石召集军事会议,集结力量,妄图依托西南伺机反扑。曾经在帮助国民党军事运输中发挥作用的两航(央航和中航)也陷入了困境。原以上海为基地的两航,于 1948 年年底起陆续迁移到香港。两航的航线急剧萎缩,运输业务比 1948 年下降了 60%,而且同当地英资航空运输企业之间业务利益的矛盾也更加尖锐化。两航尤其是中航已到了山穷水尽的境地。

为了使两航摆脱困境,回归人民阵营,中国共产党做了大量工作,逐渐形成了策动两航整体起义的决策。最终在中国共产党的争取下,两航总经理刘敬宜、陈卓林终于下定决心起义,率众北飞,回到祖国怀抱。

1949年10月1日,中华人民共和国成立,更让两航的起义人员期盼回到家乡,回到新中国。1949年11月9日早6时许,当人们还在睡梦中时,香港启德机场的跑道上,12架北飞的飞机同时起动,一架接着一架飞上天空,目的地是海口、重庆、桂林、昆明和台北这些国民党控制区。等脱离塔台控制区后,飞行员们立即集体调转方向集体向北飞。

在航程中,他们碰到了国民党空军前来拦截。由于他们的飞机都是运输机没有武器,就躲在云里面飞。飞行员很多都是空军出身,在丘陵地带,他们深知敌机的特点,巧妙地利用敌机的攻击死角化解危机。

当时的机组只有航线没有导航,全靠飞行员精湛的技术保持航线。潘国定驾驶的"空中行宫"飞机速度最快,它搭载着两位总经理以及吕明、查夷平等于12时15分在北京西郊机场安全落地,如图2-14所示。其他的11架飞机按照计划由陈达礼带队,降落在天津张贵庄机场。

图2-14 "空中行宫"客机抵达北京西郊机场

两航起义的成功,轰动香港,震撼了国民党政权,引起国际注视。两航员工率先起义,直接影响了国民党政权在港的资源委员会、招商局和中国银行等27个机构。遍布全国许多岗位的两航起义职工,在国防、航空航天、电子、通信、机械工业、科研、文教等部门,为社会主义现代化建设和争取祖国统一作出了积极的贡献。

两航起义是中国民航史上意义深远的重大事件,周恩来总理称它是"具有无限前途的中国人民民航事业的起点",为新中国的民航事业带来了价值巨大的资金技术和人才的支持,更鼓舞了一代又一代的中国民航人,将永载中国人民解放事业和中国民航史册。

2.2.3 中华人民共和国成立后的民航发展

1949年11月,中央军委民航局成立,统管全国的民航事务。1950年,新中国民航初创时,仅有30多架小型飞机,年旅客运输量仅10 000人次。1954年,民航局归国务院领导,并更名为中国民用航空局。民用航空局作为政府的一个部门,对民航的机场、飞机、空管、航路等各方面进行统一的垂直领导。

新中国百废待兴,物资缺乏,国际环境仍不容乐观,亟需补充国防力量。在业务上民航局仍然从属于空军,是一个半军事化的行业,主要服务于各项政治和军事目的。1962 年 4 月 13 日,第二届全国人民代表大会常务委员会第五十三次会议决定将民航局的名称改为中国民用航空总局。到 1965 年,随着国家经济建设的发展,我国的民航事业也取得了一些进展。国内航线增加至 46 条,建立了以北京为辐射中心的单线式航空网络,通用航空的发展状况也在这个时期稳步上升,1965 年末,中国民航拥有各类飞机 355 架。

从新中国成立到改革开放前,鉴于当时的国内、国际形势,我国民航业主要服务于军事航空,它的首要任务是保障政府和军事人员的交通和国际交往的需要,而客货运输任务则放在第二位。

1980 年,党的十一届三中全会召开 2 年后,民航正式从由军队领导转变为由政府领导,成为一个从事经济发展的业务部门,民航管理开始走上现代化的道路。国内航线大大增加,并建立了通向世界各大洲的国际航线网,在世界上的排名由第 37 位上升到第 17 位,年平均增长率为 22%。

1987 年,中国政府决定对民航业进行以航空公司与机场分设为特征的体制改革。也就是说,航空公司将独立于机场之外。同时组建了 6 个国家骨干航空公司,实行自主经营、自负盈亏、平等竞争。这 6 个国家骨干航空公司是中国国际航空公司(简称“国航”)、中国东方航空公司(简称“东航”)、中国南方航空公司(简称“南航”)、中国西南航空公司、中国西北航空公司、中国北方航空公司。

其中,国航成立最早,承担的历史使命最多,是中国民航各重大节点的直接“缔造者”和“见证人”,是中国唯一载国旗飞行的民用航空公司,是承担领导人出行等专机任务、亚洲首个航线网络覆盖全球六大洲的航空公司,也是国内唯一一家连续 12 年入选世界品牌 500 强的民航公司。国航波音 B747 飞机如图 2-15 所示。

图 2-15　国航波音 B747 飞机

南航的规模最大,运输的旅客最多,市场化程度也最高,堪称中国民航与世界接轨、参与全球竞争的先锋。截至 2022 年,南航拥有飞机数量已超过 800 架,超过了英航、法航、汉莎等老牌航空公司,居亚洲第一、世界第三,南航空客 A380 飞机如图 2-16 所示。

在市场化运营方面,南航是国内第一家运用融资租赁模式引进飞机、第一次完成不间断跨太平洋延程商业飞行、第一家与国外航空公司开展代码共享合作以及第一家推出电子客票和网上订座服务的民航公司。

民航局在组建骨干航空公司的同时,在原民航北京管理局、上海管理局、广州管理局、成都管理局、西安管理局和沈阳管理局所在地机场的基础上,组建民航华北、华东、中南、西南、

西北和东北 6 个地区管理局以及北京首都机场、上海虹桥机场、广州白云机场（见图 2 -
17）、成都双流机场、西安西关机场（即现在的西安咸阳机场）和沈阳桃仙机场。

图 2 - 16　南航空客 A380 飞机

图 2 - 17　广州白云机场

其中北京首都机场在 1978—2018 年间，年旅客吞吐量由 103 万人次增长到 1 亿 100 万
人次，位居亚洲第 1 位、全球第 2 位。广州白云机场作为南航基地，年旅客吞吐量 8 000 万
人次。这些成绩的背后，离不开民航业在改革开放时期的体制改革，也体现了我国民航业积
蓄已久的发展潜力与能量。

除了航司和机场，我国航空运输服务保障系统也进行了相应改革。1990 年，在原民航
各级供油部门的基础上组建了专门从事航空油料供应保障业务的中国航空油料总公司，也
就是现在的中国航油。2020 年 7 月，中国航空油料有限公司在《财富》杂志中国 500 强中排
名第 75 位。并且已有在新加坡上市的新加坡公司以及香港公司和驻美国办事处。属于这
类性质的单位还有中国航空器材公司、计算机信息中心、航空结算中心、飞机维修公司以及
航空食品公司等。

在民机研发方面，在空客 A300 飞机飞行立项研制开始两年后，我国第一个大型客机运
10（见图 2 - 18）在当时国内工业基础较好的上海立项，项目汇集了当时全国各部门最优秀
的设计人员，突破了苏联飞机的设计规范，是我国第一次参照美国适航条例 FAR25 部标准
研制的，且大量引用国外先进技术，于 1978 年完成飞机设计。1980 年 9 月 26 日，运 10 首

飞上天。

　　运 10 客舱按经济舱布置是 178 座,混合级布置 124 座。最大起飞重量 110 t,最大商载 25 t,最大巡航速度 974 km/h,最大商载航程 3 150 km。运 10 共试制了两架,一架做静力强度试验,完全符合设计要求,一架从 1980 年 9 月首次试飞上天后,飞到过北京、哈尔滨、乌鲁木齐、郑州、合肥、广州、昆明、成都,7 次飞到拉萨,到 1985 年,共飞了 130 个起落、170 h,没有发生过问题。不仅填补了我国民航工业在这方面的空白,且使我国成为继美、苏、英、法之后,第 5 个能做出 100 t 量级飞机的国家。但由于各种原因,运 10 于 20 世纪 80 年代停飞。

图 2 - 18　运 10 飞机

　　新舟 60 飞机(Modern Ark 60,MA60)是中国航空工业第一集团公司下属西安飞机工业(集团)公司(现为中航西飞民用飞机有限责任公司)在运-7 中短程运输机的基础上研制、生产的 50~60 座级双涡轮螺旋桨发动机支线飞机,如图 2 - 19 所示。

图 2 - 19　新舟 60 飞机

　　早期 MA60 原型机称为运 7 - 200A 型。新舟 60 大量采用国外技术成熟的部件,换装普拉特·惠特尼公司 PW - 127J 型涡桨发动机,按照新机设计要求,对驾驶舱内操纵系统、电子设备、警告系统、仪表板和操作台等进行了全新配套设计。

　　新舟 60 飞机是中国首次按照民航适航条例 CCAR - 25 进行设计、生产和试飞验证的民航飞机。在研制过程中,西飞公司采取多种国际合作方式,包括向波音公司技术咨询、引进成品的技术培训、聘请乌克兰飞机设计专家咨询、特邀加拿大试飞员协助试飞等,并按照 CCAR - 142 部标准建立了新舟 60 飞机飞行训练中心。

　　新舟 60 飞机在安全性、舒适性、维护性等方面达到或接近世界同类飞机的水平,使用性能良好、油耗低、维修方便、简单实用,可承载 52~60 名旅客,航程 2 450 km,适宜支线航线的运营。新舟 60 飞机的价格是国外同类飞机的 2/3,直接使用成本比国外同类飞机低 10%~20%。目前,MA60 现有客户 20 余家,交付飞机 70 架,订单及意向 187 架,拥有 200 多条航线,遍布非洲、拉美、东南亚、独联体等区域。

2008 年 6 月 29 日,我国新一代支线客机——新舟 600 飞机在西飞公司总装下线,是新舟系列飞机的新成员,由新舟 60 飞机根据市场及用户的需求升级换代改进而来。在综合航电系统、结构设计、客舱内环境、舒适程度、系统的维护性和可靠性等方面进行了改进,如图 2-20 所示。

图 2-20 新舟 600 飞机

其主要的改进项目包括:

(1)通过结构改进,提高飞机的维护性和延长整机疲劳寿命。

(2)采用玻璃化座舱,由 5 个综合显示器组成综合航电系统。

(3)通过综合航电与故障诊断系统的设计改进,提高故障快速诊断能力和飞机的出勤率。

(4)新舟 600 飞机最大航程为 3 000 km,通过延程飞行(ETOPS)功能以满足特殊用户对跨海飞行的需求。

(5)对新舟 600 飞机机舱内装饰等方面进行了新改进,提高了飞机的舒适性。

此外,改进项目还包括整机减重,缩短起飞距离,增加商载,这使飞机的节油性能更好,有效提升了飞机运营的经济性。新舟 600 飞机商载提高了 7%~8%,维护成本降低了 10%。通过结构改进、综合航电系统改进、舱内环境和舒适程度提升,以及新增加跨海飞行能力等创新和改进,达到了国际同类先进飞机的性能水平,特别适合距离在 800 km 以下的中短途支线运输。它每座的运营成本比涡轮喷气飞机低 40%左右,靠一边的单桨发动机就能在跑道上起飞、降落,安全性和节能性都很高。

新舟 700 飞机是中航西飞民用飞机有限公司从 2006 年开始论证的新型涡桨支线飞机,于 2008 年获得了中航工业集团公司内部立项。该型飞机是在新舟 600 飞机的支线客机的基础上发展而来的。新舟 700 飞机是新一代高速涡桨支线飞机,定位于承担 800 km 以内中等运量市场的区域航空运输业务,能够适应高原、高温地区的复杂飞行环境和短距频繁起降。该型飞机具有经济、舒适、快速、先进,以及机场与航线相适应的特点,为不同地区的客户提供全寿命期定制化解决方案。2021 年末,新舟 700 飞机在阎良首飞。

ARJ21 飞机是中国商用飞机有限责任公司研制的双发动机支线客机。ARJ21 是英文名称"Advanced Regional Jet for the 21st Century"的缩写,意为 21 世纪新一代支线喷气式客机,该飞机属于 70～90 座级的中、短航程涡扇发动机新支线客机,拥有基本型、加长型、货机和公务机等 4 种容量不同的机型,其机体各部分分别在国内 4 家飞机制造厂生产。ARJ21 飞机的研制采取广泛国际合作的模式,采用大量国际成熟先进技术和机载系统,发动机、航电、电源等系统全部通过竞标在全球范围内采购。

ARJ21 飞机 2002 年 4 月正式立项,2008 年 11 月 28 日,ARJ21 飞机在上海飞机制造厂试飞首飞,首次飞行 62 min 后降落,取得圆满成功。首飞完成后,随即进入试飞试验、适航取证等投入市场前的阶段。ARJ21 飞机如图 2-21 所示。

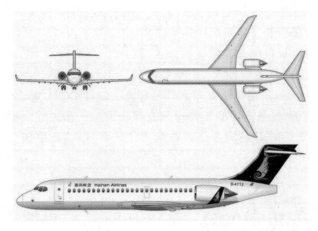

图 2-21　ARJ21 飞机

机型简介:

(1)ARJ21-700 基本型。混合级布局 78 座、全经济级布局 90 座,采用 CF34-10A 发动机。有标准航程型以及增大航程型,标准航程型的满客航程为 2 225 km(1 200 n mile①),主要用于满足从中心城市向周边中小城市辐射型航线的使用要求;增大航程型的满客航程为 3 700 km(2 000 n mile),能满足点对点瘦长航线的使用要求,其飞行高度为11 900 m。

(2)ARJ21-900 加长型。混合级布局 98 座、全经济级布局 105 座,采用 CF34-10A 发动机。有标准航程型以及增大航程型。标准航程型满客航程为 2 225 km(1 200 n mile),增大航程型满客航程为 3 334 km(1 800 n mile)。

(3)ARJ21F 货运型。主货舱长 19.033 m,可安排 4～5 个 LD7 集装箱或 4～5 个 PIP 集装盘,最大载重为 10 150 kg,设计航程为 3 334 km(1 800 n mile)。

(4)ARJ21B 公务机型。满客(20 名乘员)航程为 6 112 km(3 300 n mile)。

ARJ21 飞机采用两台通用电气公司的 CF34-10A 涡轮风扇发动机,具有油耗低、噪声小、可靠性高、维修方便的特点。飞行速度与干线大飞机相当。驾舱采用两人体制,航电系统采用总线技术、LCD 平板显示并综合化。飞行控制系统为电信号控制、液压或机电作动

① 　1 n mile=1 852 m。

的电飞行控制系统。客舱宽度为 123.7 in(3.14 m),比庞巴迪 CRJ - 700、CRJ - 900 和巴西 ERJ - 170、ERJ - 190 宽 15~25 in。是支线飞机中客舱最宽敞的飞机之一。ARJ21 飞机为单通道客舱,经济舱每排 5 座,采用 3+2 布局,其主要特点包括:

1)替代较小支线飞机,满足中国西部使用要求,实现中国西部热点航线满客营运的突破和远距离直飞,提高服务水平。

2)替代较大飞机,增加航班频度,满足乘客需求。

3)用于国内"点对点"的瘦长航线飞行,提高营运效率。

4)将枢纽机场中心-辐射式航线延伸到较小的机场。

5)在非高峰时间为枢纽机场主要航线提供经济的空运工具。

6)满足国内对公务机和支线货机的发展需求。

7)为飞行员改装升级提供过渡培训机种。

图 2 - 22 所示为 C919 飞机,是中国继运 10 后自主设计的第二款国产大型客机。C 是 China 的首字母,也是中国商用飞机有限责任公司英文缩写 COMAC 的首字母,寓意着立志跻身国际大型客机市场,要与空中客车公司和波音公司一道在国际大型客机制造业中形成 ABC 并立的格局。第一个"9"的寓意是天长地久,"19"代表的是中国首个大型客机最大载客量为 190 座。

图 2 - 22 C919 飞机

C919 飞机属中短途商用机,实际总长为 38 m,翼展为 33 m,高度为 12 m,其基本型布局为 168 座,标准航程为 4 075 km,增大航程为 5 555 km,经济寿命达 9 万飞行小时。由于大量采用复合材料,因此较国外同类型飞机 80 dB 的机舱噪声,C919 机舱内噪声可望降到 60 dB 以下。机舱座位布局将采用单通道,两边各三座,其中中间的座位空间将加宽,以有效缓解以往中间座位乘客的拥挤感。

C919 飞机在设计上采用了大量先进技术,包括:

(1)采用先进气动布局和新一代超临界机翼等先进气动力设计技术,达到比现役同类飞机更好的巡航气动效率,并与 10 年后市场中的竞争机具有相当的巡航气动效率。

(2)采用先进的发动机以降低油耗、噪声和减少排放。

(3)采用先进的结构设计技术及较大比例的先进金属材料和复合材料,减轻飞机的结构质量。

(4)采用先进的电传操纵和主动控制技术,提高飞机综合性能,改善人为因素和舒适性。

(5)采用先进的综合航电技术,减轻飞行员负担,提高导航性能,改善人机界面。

(6)采用先进客舱综合设计技术,提高客舱舒适性。

(7)采用先进的维修理论、技术和方法,降低维修成本。

2.3 中国民机适航管理的起源与发展历程

2.3.1 中国适航管理起源

从中国正式加入联合国之后,我国作为国际民航组织(ICAO)缔约国、理事会成员国,履行《国际民用航空公约》是应尽的义务。1974 年 2 月 15 日,中国外交部长通知国际民航组织秘书长,决定承认《国际民用航空公约》,恢复我国在国际民航组织的活动。

依照《国际民用航空公约》,各成员国需建立民用航空器适航管理机构,履行国家适航部门的职责,开展民用航空器适航管理工作。各缔约国之间,承允在关于民用航空器、维修机构、维修人员等方面的规章、标准、程序及工作组织方面的合作,力求取得最大程度上的一致。

世界上多数国家早已开展适航管理工作。美国适航管理已有多年历史,西欧各国也有几十年历史,印尼、巴西等国也走上了科学的、先进的适航管理轨道。国外很多国家的适航部门除审定、颁发本国民用航空器制造部门的型号合格证、生产许可证,对其登记的民用航空器维修许可、人员执照等进行审定外,还对从国外进口的民用航空器进行型号审定或认可审查,在本国登记的航空器向国外送修须进行审查批准,以维护国家主权和保障民用航空安全。

相比之下,我国的差距是很大的。我国当时的民航局还没有全面履行国家适航部门的职责,甚至对航空器引进前的型号认可审查、外国承修厂商维修许可审查等国家主权都没有行使,迫切需要赶上去,以真正履行《国际民用航空公约》缔约国所承担的责任和义务,保障民用航空安全,维护公众利益,促进民用航空事业的发展。

自 1949 年 11 月民航局组建成立到 20 世纪 80 年代初,民航的技术业务、飞行、政工、人事管理等工作主要由空军领导。一方面,基本上学习和沿用苏联的一套管理办法;另一方面,逐步引进和借鉴了西方管理模式。因此,在国际上双重管理体制的影响下,民航局始终是集政府职能和企业经营职能于一体的政企合一格局。

在以后 30 多年里,民航局尽管也有不少政府管理职责,其中包括一些管理的内容,如登记航空器、颁发适航证、颁发机务通告、进行事故调查等,但仍然以企业的维修技术管理为主,对适航航空器进行设计、制造,谈不上适航管理。

党的十一届三中全会之后,我国民用航空运输和制造业都出现了突飞猛进的发展。国家确定的骨干航空公司相继成立,国际航线不断开辟;地方航空公司也组成营运,国产民用航空器 Y7、Y12 等机型陆续完成设计和制造;同国外合作生产的 MD - 82 型飞机、国外来料加工以及国产航空产品打入国际市场等,迫切要求和促使我国尽快建立适航性监督和检查的管理体制。

以民用飞机制造业为例,国产飞机要向国外市场推销,必须先获得中国适航部门的型号合格证、生产许可证和出口适航证。客观现实要求民航局必须承担航空器初始适航管理的责任。为适应民用航空事业的发展、支持国内航空产品的制造、保障民用航空的营运安全，必须对民航局进行体制改革。

民航局按照 1987 年初国务院批准的民航系统改革方案，实行政企分开，简政放权，职能机构主要实施政策、法规管理，运用宏观调控手段进行行业管理。民航局内部设立航空器适航司，统一管理全部的民用航空器适航性事务。可以说，随着国内的改革开放和民用航空事业的发展，我国走上了主动实施民用航空器适航管理的道路。

2.3.2 中国适航管理发展历史

1. 中国民用航空器适航管理的主动酝酿期(1980—1987 年)

进入 20 世纪 80 年代，国际航线日益增多，引进大型远程运输机和租机营运出现高潮。要进行合法的维修，美国联邦航空局(FAA)需对维修单位按美国联邦航空条例(FAR)进行合格审定。有关的放行人员要取得美国联邦航空局的维修人员执照。而要取得美国联邦航空局的维修许可，中国适航部门就要首先进行审定、认可和颁证。国外的承修厂家要求得到中国适航部门的认可批准。从 1986 年 6 月开始，中国适航部门逐步对新加坡、日本、澳大利亚等国的十几家航空公司或维修单位进行维修许可审查，颁发维修许可证。

在民用航空制造业方面，已投入使用的国产 Y12 型飞机，原来由航空定型委员会和航空工业部主要负责的设计定型、生产批准程序要求，不被国外承认。为满足出口国外市场的需要，依照国务院的指示，中国民航局开始介入民用航空器的初始适航管理。

1985 年 12 月—1986 年 12 月，民航局在有关部门的支持下，完成了 Y12 Ⅱ型飞机的型号及生产许可审定，颁发了型号合格证和生产许可证。1987 年 7 月—1988 年 5 月，由民航局适航部门主持完成了国产 Y7-100 飞机的补充型号合格审定和生产许可审定，颁发了相应的证件。

为了适应与日俱增的适航管理工作，当时的民航局航空工程司调整了下属各处的职能划分，设立了适航标准处、适航工程处、适航检查处等。

1975 年 7 月《中国民用航空机务条例》颁布。1983 年 10 月印发的《中国民用航空机务工程条例》是中国最早适航管理规章的典型代表。

1985 年 5 月第一期维修人员执照培训班的首批 30 名学员结业并取得了维修人员基础执照。1986 年 10 月《中国民用航空条例适航管理暂行规则》颁布(简称《适航管理暂行规则》)。《适航管理暂行规则》的内容和所涉及的范围，已从民用航空器的使用、维修扩展到了民用航空器的设计、制造。

《适航管理暂行规则》中确立了 6 大证件及其管理程序：

(1)民用航空产品的型号合格证(Type Certificate, TC)。

(2)民用航空产品的生产许可证(Production Certificate, PC)。

(3)民用航空器国籍登记证。

(4)民用航空器适航证(Airworthiness Certificate, AC)。

(5)民用航空产品维修单位维修许可证。

(6)民用航空产品维修人员执照。

《适航管理暂行规则》为《中华人民共和国民用航空器适航管理条例》(简称《适航条例》)

的形成奠定了基础。

1985 年、1986 年先后制定了 3 部中国民用航空规章：

(1)《民用航空规章制订程序》(CCAR-1)。

(2)《运输类飞机适航标准》(CCAR-25)。

(3)《正常类、实用类、特技类飞机适航标准》(CCAR-23)。

1987 年 3 月 17 日，国务院常务会议通过了《中华人民共和国民用航空器适航管理条例》，这是中国民航史上的一个重大转折，是民用航空系统的一项重大体制改革。《适航条例》第四条规定："民用航空器的适航管理由中国民用航空局负责。"中国民用航空局授权当时的航空工程司负责适航管理，同时对外更名为航空器适航管理司。

1987 年 4 月，民航地区管理局政企分开试点工作在原成都管理局进行。同年 10 月民航西南管理局成立，西南管理局航空器适航处组建，这是第一个二级政府部门的适航管理机构。

1987 年，为完善持续适航管理工作，我国先后制定了《民用航空器航线维修规定》《维修人员执照收费办法》《航线维修审定程序》《维修管理手册编写指南》。

2.中国民用航空器适航管理的初始创建期(1988—1991 年)

(1)初步形成的适航管理体系。

根据国务院发布施行的《适航条例》的规定，中国民用航空局代表中国政府对中国民用航空器的设计、制造、使用和维修实施全面适航管理。从 1989 年 11 月 30 日起，中国民用航空局按照国务院机构编制委员会审批的方案，设立了包括航空器适航司在内的 13 个司局，并按新的职责分工行使职权。中国民用航空局授权航空器适航司具体负责民用航空器适航管理工作。

继民航西南管理局之后，先后又有民航华东、华北、西北、东北管理局及其航空器适航处成立。同时，还相继组建了上海、西安、沈阳 3 个航空器审定中心。至此，中国民用航空局航空器适航管理体系初步形成。

中国民用航空局下属的 6 个地区管理局均设有航空器适航处，业务上受航空器适航司领导。航空器适航司除司领导和总工程师、副总工程师外，下设适航标准处、适航工程处，适航检查处、适航联络处和维修协调处等 5 个业务处。初步形成的适航管理体系，为全面推行适航管理工作起到了组织保证作用。

从 1989 年开始，上海、西安、沈阳、成都航空器审定中心建立。

(2)建立新的文件管理体系。

立法和颁证是民用航空器适航管理的两大支柱。适航部门依据国家航空法和适航条例，统一制定颁发各种与安全有关的技术问题和管理问题方面的适航标准、规章、规定、指令、通告等，即立法、定标，它是安全性的要求。民用航空器适航管理工作所涉及的各种法规和文件体系在 1989 年 1 月 1 日颁发的适航管理程序 AP-01-01 中进行了详细说明。

(3)颁发各种适航证件。

适航证件是合法资格的凭证。适航部门通过审定和颁发各种证件来检验民用航空企业执法和符合标准要求的程度，是实施检查、监督的有效手段。在适航管理有关证件方面，涉及人员包括民用航空器和民用航空器的设计、制造、使用和维修单位及其人员。

(4)建立民用航空器适航信息网。

民用航空器的适航信息管理是加强适航性监督和强化质量管理的基础,也是提高航空器设计、制造、使用和维修水平的重要环节。

一架航空器的基本质量,固然取决于它的初始设计和制造,但在整个运行使用过程中,这种基本的质量必须依照各种维修规则及标准得到保持。此外,还必须通过采取改善、改进、改装等措施使之得到恢复或加强。因此,保持民用航空器的持续适航性,是适航部门、航空公司(使用和维修部门)和设计制造部门的共同责任。

适航部门进行持续适航管理的关键,是建立民用航空器适航信息交换网络,及时收集民用航空器使用中所出现的故障和涉及适航性的各种安全问题。对其中某些危及飞行安全的重大问题,责成航空公司或设计制造部门提出纠正措施、编印工程指令或技术服务通告。必要时,适航部门据此编发适航指令,或批准修改维修大纲,以纠正航空器型号审定合格后发现的不安全情况。这种信息收集、分析处理和纠正措施的闭环控制,是民用航空器持续适航管理的基本任务之一。

为有效地对民用航空器的设计制造和使用维修实施监督检查,以确保民用航空的安全,我国制定了民用航空器适航信息管理的规定,确定建立民用航空器适航信息网。

我国民用航空器适航信息网的结构组成分为3级。一级信息站是全网的中心,由航空器适航司承办;二级信息站是全网的中间环节,由各地区适航处承办;三级信息站是全网的基础,由各航空器使用和维修单位承办。各级信息站既是整个适航信息网的网员单位,又是一个相对独立的信息管理子系统。

(5)适航管理工作的国际交往。

在适航管理工作的国际交往方面,我国先后与美国 FAA、法国 DGAC、德国 LBA、日本 JCAB 等适航部门建立了工作关系。与此同时,参与了国际民航组织持续适航专家小组的活动,既促进了我国民用航空器适航管理工作的发展,又为打开我国民用航空器适航管理的局面和走向世界创造了条件。

为支持和配合中美合作生产 MD-82 型飞机,1986 年 3 月,中美两国民航当局签订了有效期为 5 年的技术合作协议备忘录(Memorandum of Agreement,MOA)。1991 年初,又完成了 MOA 延长 5 年的协议签署。

根据 MOA 附件二,我国广泛开展了适航检查员的培训。以 FAR23 为内容、以 Y12 飞机为对象,先后举办了 6 期培训班。这些培训活动,一方面让我们的检查员深刻理解美国的型号合格审查和生产许可审查,另一方面为 FAA 了解我国的适航管理(包括法规、机构和人员水平)和建立双边关系奠定了基础。

在此基础上,1991 年 10 月 14 日,中美两国政府《关于进口航空产品适航审定、批准或认可的协议》(简称《中美双边适航协议》),通过互换外交照会而生效。同年 10 月 19 日,经两国民航局局长签署的《中美双边适航协议的实施细则》生效。同年 11 月 18 日,美国联邦航空局将上海组装生产 MD-80 系列飞机生产线的适航质量监督权正式移交给中国民用航空局。

中美政府双边适航协议的签署,象征着我国民用航空器适航管理完成了初始创建期的任务,同时也表明我国民用航空器适航管理得到了国际权威适航机构的认可。这对提高中国民用航空产品的研制、生产能力和我国适航部门评审能力的声誉,对中美在民用航空领域的进一步合作,产生了深远的影响。

3. 中国民用航空器适航管理的初步发展期(1992 年至今)

1992 年 2 月 13 日,局长办公会议讨论通过,决定组建中国民用航空局航空器适航中心。3 月 11 日,民航局以局发〔1992〕71 号文发出了《关于组建航空器适航中心的通知》。以原第一研究所的适航室、维修工程室和适航信息资料室为基础,经过必要的筹备之后,于1992 年 6 月 1 日正式组建了航空器适航中心。

适航中心领导设主任和副主任。主任由适航司司长兼任。适航中心下设 5 个处室,分别是适航条法处、适航工程处,适航培训处、适航资料室和办公室。同时,调整航空器适航司的部分业务处,改标准处为适航双边处,改工程处为适航审定处,保持适航检查处、适航联络处和维修协调处不变。

至此,民航总局适航部门即立法决策层初步形成,从而加强了民航局适航部门的技术力量,调整了职责分工,充实了适航管理的某些薄弱环节,有力地推动了适航工作的开展,在一定程度上,缓解了适航管理人员不足与安全工作日益艰难、安全形势十分严峻的矛盾。

1993 年 10 月 5 日,中国民用航空总局发出通知:为加强民用航空器的适航管理,促进民航事业的顺利发展,决定在民航西南管理局设立成都航空器审定中心。该中心为事业单位,相当于行政正处级,人员编制 30 名,其职责任务与上海、西安、沈阳航空器审定中心相同。

1993 年 12 月 20 日,国务院决定中国民用航空总局的机构规格由副部级调整为正部级。随后,民航总局按照党的十四届三中全会"关于建立社会主义市场经济体制的决定"精神,贯彻党中央、国务院关于党政机构改革的指导原则以及加强民航工作的指示,坚持政企分开、转变职能,加强行业管理,完善民航管理体制,促进我国民航事业发展,实施了以职能配置、内设机构和人员编制的三定方案。

2003 年,民航局进行机构改革,在六个地区管理局建立了适航审定处,开始对 ARJ21 飞机进行适航审定。

2016 年,民航局成立中国民航适航审定中心,下辖上海、沈阳、西安、江西 4 个审定中心。至此,我国的适航审定管理体系基本形成,由民航局适航审定司、中国民航适航审定中心、各地区管理局的审定处及大审定中心组成。

在组织机构不断变迁的过程中,我国对民机的适航审定工作也一直在进行。我国首款大型喷气式飞机是运 10,运 10 是考虑过适航相关问题的,并选择 FAR25 作为设计规范。虽然限于当时的条件,对适航的思考不如现在这么深刻,工作量也没有现在这么大,但当时确实作了考虑。

运 10 之后,中德合作设计的 MPC75、中美合作生产的 MD-82/90,均考虑了适航因素。尤其是中美合作生产 MD-82/90,对促进中国适航管理的提升起到了巨大的作用。我国自主研制的型号,从运 12 开始经历完整的适航审定流程。每一个型号都推动着我国适航审定能力的提升。运 12 系列飞机,实现了中美 23 部双边适航协议的签署。从运 7 到新舟60,我国螺旋桨支线运输类飞机的适航审定能力得到提升。

新舟 60 之后,是 ARJ21 新支线飞机。这个型号于 2014 年 12 月 30 日取得了中国民航局的型号合格证,进一步推动了中国民航局适航审定能力的提升。2007 年,国务院原则通过《大型飞机方案论证报告》,原则上批准大型飞机研制作为国家重大科技专项正式立项,同意组建大型客机股份公司,再次吹响向现代工业之巅进军的号角。这对工业方、局方和运营人的能力建设都起到了巨大的推动作用。

截至目前,中国民航局适航审定司已颁发了 30 个左右的型号合格证和近 200 个认可型号合格证。

2.3.3 中国民机适航管理结构体系

我国民用航空器适航管理机构逐步形成了三层式民用航空器适航管理结构体系。

第一层:立法决策层——中国民用航空局航空器适航司和航空器适航中心。

第二层:执法监督层——各地区管理局航空器适航处及航空器审定中心。

第三层:委任基础层——所有的委任适航代表和委任单位代表,即民用航空企、事业单位和其所属的人员,这是我国民用航空器适航管理工作深入企、事业中的群众基础,也是让企、事业单位增进适航意识和参与适航管理工作的一种形式。

这样三层式的结构体系,反映了我国民用航空器适航系统的全貌,而第一层和第二层则是我国民用航空器的适航部门。

2.4 中国适航管理机构及其职能

根据国务院 1987 年 5 月 4 日发布、6 月 1 日起施行的《适航条例》的规定,民用航空器的适航管理由中国民用航空局负责。适航管理是按照标准和规定,对民用航空器的设计、生产、使用和维修直到退役全过程,实施以确保飞行安全为目的的技术鉴定和监督。开展适航管理工作要有适航法规体系、适航管理人员和适航管理机构,三者缺一不可。

中国民航局负责适航管理的各部门或机构如下。

(1)航空器适航审定司。

1)起草民用航空器国籍登记和注册、民用航空产品(包括航空器、发动机、螺旋桨,下同)及其航空材料、零部件、机载设备和民用航空油料、化学产品适航审定管理以及相应环境保护的相关法规、规章、政策、标准,并监督执行。

2)负责民用航空产品型号及补充型号的合格审定、型号认可审定,补充型号认可审定。负责型号合格审定委员会(Type Certificate Board,TCB)的工作,负责民用航空器飞行手册(Aircraft Flight Manual,AFM)的审查和批准。

3)负责民用航空产品生产许可审定;根据民航局与外国适航当局的协议,负责国内制造厂生产外国民用航空产品的监管工作。

4)负责航空材料、零部件和机载设备型号和生产合格审定、适航审定,负责民用航空器加、改装审定及重大特修方案、超手册修理方案工程审准。

5)负责民用航空器重复性、多发性故障的工程评估,颁发民用航空产品和零部件适航指令。

6)负责民用航空器噪声、发动机排出物的合格审定。

7）负责民用航空产品和零部件单机适航审定。

8）负责适航审定委派代表和委任单位代表的审核和管理。

9）负责民用航空油料及民用航空化学产品适航审定。

10）负责民用航空器的国籍登记和注册。

11）参与民用航空器的事故调查。

12）负责民航标准化和计量工作。

13）承办局领导交办的其他事项。

航空器适航审定司下设适航检查处、航空动力审定处和航空器审定处。

（2）各地区管理局适航审定处。

1）参与适航审定政策、标准、程序的制定，组织所辖地区贯彻执行；对持证人进行监督管理；根据授权实施所辖地区相应证件的管理工作。

2）负责相关型号航空器适航指令的颁发与管理工作，并负责相关适航指令的延期或豁免的审批工作。

3）负责所辖地区民用航空器加、改装和重大特修方案工程的批准。

4）根据授权，参与所辖地区民用航空器的事故调查工作；负责所辖地区重大、多发性事故工程的评估。

（3）上海航空器适航审定中心。

1）按授权，承担民航运输类航空器型号合格审定、补充型号合格审定和生产许可证审查的相关工作。

2）协助对民航运输类航空器型号合格证和生产许可证等证件持有人进行管理和监督检查。

3）按授权，负责对相关型号民用航空器飞行手册的审查。

4）协助编发相关型号民用航空产品的适航指令，监督检查相关航空器设计、制造单位执行适航指令的情况。

5）按授权，承担相关民用航空器研制特许飞行证和标准适航证颁发前的技术检查工作。

6）协助制定（修订）民航运输类航空器适航标准及其相关文件。

（4）沈阳航空器适航审定中心。

1）按授权，开展大型客机的机载设备审定。

2）按授权，开展旋翼机和小飞机的型号合格审定和生产许可审定。

3）对相关型号合格证和生产许可证等证件持有人进行管理和监督检查。

4）协助修订、研究和跟踪相应的适航标准及符合性方法，形成完整的适航审定体系。

5）在诠释适航标准、研究审定技术和制定符合性方法等方面开展国内外合作与技术交流。

（5）民用航空航油、航化适航审定中心。

1）按授权，承担航空油料和航空化学产品项目适航审查的相关工作以及相关适航证件的证后管理工作。

2）协助起草航空油料和航空化学产品适航审定的相关规章和标准。

3）开展航空油料和航空化学产品适航标准和审定技术的研究。

4）负责航空油料和航空化学产品的适航检测。

（6）民用航空器适航审定技术与管理研究中心。

1）为民用航空器适航联合推进委员会决策提供技术支撑。

2）开展民用航空器适航发展战略、规划和政策研究。

3）组织开展适航审定技术和适航技术研究。

4）组织开展适航培训，受托开展资格认证，提供公共服务和咨询。

5）跟踪和掌握国际适航发展趋势，开展国际交流活动。

6）交办的其他事项。

（7）中国民用航空局航空安全技术中心航空器适航室。

1）协助民航局进行航空器适航审定有关的证件管理、申请、颁证、信函等日常工作。

2）根据授权颁发适航指令。

3）参加适航审定工作。

4）民航局适航信息系统的维护、管理。

5）跟踪国外的适航规章。

6）参与航空器重复多发故障的研究。

（8）中国民航管理干部学院航空器适航审定系。

中国民航管理干部学院航空器适航审定系负责适航审定领域的教育培训与科研咨询，特别是适航法规基础培训，开展航空产品审定程序与过程协调、航材管理与控制、航空工程人员管理与提高等领域的研究工作。

第3章 中国民用航空器适航管理 法规与文件体系

3.1 概　　述

《适航条例》明确规定,民用航空器的适航管理,是根据国家的有关规定,对民用航空器的设计、制造、使用和维修,实施以确保飞行安全为目的的技术鉴定和监督,必须执行规定的适航标准和程序。

适航管理涉及:飞机、旋翼机、载人气球、发动机、螺旋桨、航空材料、零部件和机载设备等的适航审定,需要相应的适航标准、管理规章和程序;对有关机构和人员的资格审查、监督,需要有相应的规章程序;航空器运行的审定和监督检查,也需要有相应的规章和程序。总之,适航管理必须有一套完整的适航法规、程序和文件。

我国适航管理的正式立法工作起始于 1985 年,1987 年 5 月 4 日国务院发布《适航条例》之后,加快了立法进程,经过多年的努力,适航管理法规和文件体系已基本建立,适航管理工作已有法可依了。

3.2 适航管理法规和文件体系的形成过程

适航立法基本原则是:①以《国际民用航空公约》的有关附件为基础;②以美国联邦航空条例(FAR)为主要参考内容;③吸收民航局已颁发的规章和文件中的适用部分。

(1)1983 年 8 月颁发了《中国民用航空管理规则》。其中包含以下 6 个暂行规定:

1)民用航空器国籍登记证颁发程序及管理规则。

2)民用航空器适航证颁发程序及管理规则。

3)民用航空器机载无线电设备电台执照管理规则。

4)民用航空器维修单位生产许可证的申请和颁发程序。

5)民用航空器飞行人员执照的申请和颁发程序。

6)民用航空器维修人员执照的申请和颁发程序。

(2)1983 年 10 月印发、1984 年 1 月生效的《中国民用航空机务工程条例》,也有适航管理的内容,主要是民用航空器国籍登记证、适航证的申请与颁发、维修单位生产许可证的申请与颁发、维修人员执照的申请与颁发等。这与《中国民用航空管理规则》的规定是一致的。

(3)1986 年 10 月颁发了《中国民用航空条例——适航管理暂行规则》(简称《规则》)。

《规则》说明中指出，"这是中国民用航空局行使政府管理职能，加强适航性管理的一个重要措施，是保障航空安全和公众利益的有效手段"，"按照制定的各种规则、条例、标准和程序，保证和保持民用航空产品的适航性是民用航空产品的设计者、制造者和使用者应负的责任"。《规则》的主要特点是确立六大证件，即型号合格证和型号批准书、生产许可证、国籍登记证、适航证、维修许可证以及维修人员执照，从民用航空器使用、维修管理扩展到设计、制造，为民用航空器适航管理贯穿于航空器从孕育、诞生到寿命终止的全过程打下基础。

（4）编写并颁发 CCAR-25、CCAR-23 部规章。为了实施对民用航空器的初始适航管理工作，进行型号合格审定，民航局在有关部门的协助下，以 FAR-25 和 FAR-23 为主要参考，组织制定了《中国民用航空规章》第 25 部《运输类飞机适航标准》（CCAR-25）和第 23 部《正常类、实用类和特技类飞机适航标准》（CCAR-23），分别于 1985 年 12 月 31 日和 1986 年 12 月 31 日发布实施，为我国民用航空器的研制提供了适航标准。

（5）1987 年 5 月 4 日国务院发布《中华人民共和国民用航空器适航管理条例》（简称《适航条例》）。我国第一次用行政法规明确规定了民用航空器适航管理的宗旨、性质、任务、范围和责任等，明确民航局为我国民用航空器适航管理的主管部门。这标志了我国法定适航管理的开始。

民航局适航部门为了贯彻、落实《中华人民共和国民用航空器适航管理条例》，经过调研和初步实践，制定了适航管理法规和文件体系框架，并制定了立法总体规划和年度立法计划制度，有计划、有步骤地完成适航立法工作。

3.3　适航管理法规和文件体系的构成

适航管理法规和文件体系分为两个层次：

第一层次是法律、行政法规和规章，主要包括《中华人民共和国民用航空法》（简称《航空法》），国务院发布的行政法规、国务院民用航空主管部门——中国民用航空局发布的《中国民用航空规章》（CCAR）。

第二层次是为执行第一层次的法律、行政法规和规章而制定的实施细则，由民航局适航部门——适航司发布的法规性文件体系，其中包括适航管理文件、适航管理程序和咨询通告等，适航管理法规和文件体系之间的关系如图 3-1 所示。

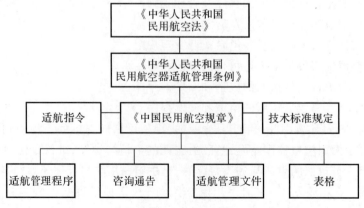

图 3-1　适航管理法规和文件体系之间的关系

3.3.1　中华人民共和国民用航空法

《中华人民共和国民用航空法》是从事民用航空活动的单位和个人必须遵守的,由全国人民代表大会 1995 年审议通过,并于 1996 年 3 月 1 日起施行。《中华人民共和国民用航空法》对民用航空器适航管理工作的内容、范围有原则性的规定。

3.3.2　中华人民共和国民用航空器适航管理条例

由国务院在 1987 年 5 月 4 日发布的《中华人民共和国民用航空器适航管理条例》,同年 6 月 1 日起施行。这是国家最高行政机关发布的行政法规,对民用航空器适航管理的宗旨、性质、范围、权限、方法和处罚等作了明确规定。

《适航条例》共二十九条,概括了适航管理的基本要求。凡从事适航管理的工作人员,以及在中华人民共和国境内从事民用航空器(含航空发动机和螺旋桨)的设计、制造、使用和维修的单位或个人,向中华人民共和国出口民用航空器的单位或个人,以及在中华人民共和国境外维修在中华人民共和国登记的民用航空器的单位或者个人,均须遵守该条例。

3.3.3　中国民用航空规章

《中国民用航空规章》是国务院民用航空主管部门——中国民用航空局制定、发布的涉及民用航空活动的、专业性具有法律效力的管理规章,凡从事民用航空活动的任何单位或个人都必须遵守其各项规定。

《中国民用航空规章》由民航局有关业务部门负责起草,在广泛征求各方面的意见后,经局长办公会议讨论通过,由民航局局长签发《中国民用航空局令》,发布实施。

《中国民用航空规章》的内容范围很广,涉及航空器的适航管理、人员执照、机场管理、航务管理、航空营运、航空保安、搜寻援救和事故调查等各方面。有关适航管理的规章包含管理规则和适航标准两方面的内容。附录三列出了与民用航空器适航管理工作有关的规章及发布情况。

必须指出,每一份技术标准规定(CTSO)是 CCAR - 37 的一部分,每一份适航指令(CAD)是 CCAR - 39 的一部分,内容涉及飞行安全,是强制性措施。如不按时完成,有关航空器将不再适航。

适航指令编号方法如图 3 - 2 所示。

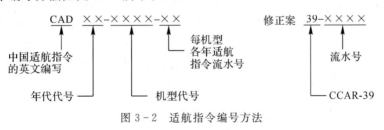

图 3 - 2　适航指令编号方法

例如 CAD90 - B707 - 03 修正案 39 - 0079,表示该适航指令是 1990 年颁发的波音 707 飞机的第 3 份适航指令,CCAR - 39 部的第 79 次修正案。

3.3.4　适航管理程序

适航管理程序是适航管理规章(CCAR)的实施细则和具体管理程序。由各级适航部门根据专业分工起草、编写，经征求公众意见后，由民航局适航司司长批准发布。它是各级适航部门的工作人员从事适航管理工作时应遵守的规则，也是民用航空器设计、制造、使用和维修的单位或个人应遵守的规则。

适航管理程序的封面是绿色的，其编号方法如图 3-3 所示。

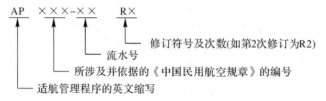

图 3-3　适航管理程序编号方法

颁发的 AP 例子见表 3-1。

表 3-1　颁发的 AP 实例

颁发的 AP	内　容	日　期
AP-001	适航系统人员培训的适航检查员资格认可程序	1992 年 12 月 11 日
AP-00-02	航空器适航部门代号和适航检查员代号及印章与名片的要求	1993 年 1 月 1 日
AP-01-02R1	适航规章及法规性文件的制定和修订程序	1994 年 4 月 6 日
AP-21-01	进口民用航空产品审定程序	1988 年 4 月 25 日
AP-21-02	关于国产民用航空产品服务通告管理规定	1988 年 8 月 27 日
AP-21-03R2	型号合格审定程序	1993 年 3 月 25 日
AP-21-04R2	生产许可审定和监督程序	1992 年 8 月 1 日

3.3.5　咨询通告

咨询通告是适航部门向公众公开的对适航管理工作的政策以及某些具有普遍性的技术问题的解释性、说明性和推荐性文件或指导性文件。对于适航管理工作中的某些具有普遍性的技术问题，也可用咨询通告的形式，向公众公布适航部门可接受的处理方法。咨询通告由各级适航部门根据分工起草、编写，由民航局适航司司长批准发布。

咨询通告的封面是蓝色的，其编号方法如图 3-4 所示。

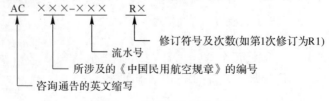

图 3-4　咨询通告编号方法

颁发的 AC 例子见表 3-2。

表 3-2　颁发的 AC 实例

颁发的 AC	内　容	日　期
AC-01-01R2	发布的适航法规及法规性文件目录	1994 年 1 月 10 日
AC-21-01	发现和报告未经批准的航空零件	1993 年 2 月 4 日
AC-21-04	供应商的监督	1994 年 3 月 1 日
AC-23-01	中国民用航空规章第 23 部第一次修订的编制说明	1990 年 8 月 8 日
AC-25-01	中国民用航空规章第 25 部第一次修订的编制说明	1990 年 8 月 8 日
AP-91-01	民用航空器维修大纲	1991 年 10 月 4 日

3.3.6　适航管理文件

适航管理文件是各级适航部门就某一具体技术问题或工作与航空营运人、航空产品设计、制造人以及有关部门进行工作联系时所使用的形式。某些暂行规定,适航部门也可用适航管理文件形式发布执行。

适航管理文件的格式是统一的,其编号方法如图 3-5 所示。

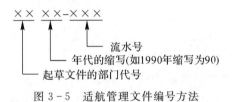

图 3-5　适航管理文件编号方法

适航管理文件在部门处应加盖公章后下发。

3.3.7　制定、修订规章的征求意见通知

征求意见通知是为了保证制定的规章的科学性和准确性,发扬民主、集思广益的一种形式,其内容包括:

(1)制定、修订规章的主要内容。

(2)制定、修订规章的原因和背景。

(3)制定、修订后的规章和预定生效日期。

(4)征求公众意见的截止日期。

(5)各部门、各单位或个人收到此通知后,应认真研究,积极提出意见或建议。

为使适航法规和法规性文件的制定和修订工作标准化、规范化,提高工作效率,保证适航法规和法规性文件的先进性、可操作性和权威性,航空器适航司于 1991 年 9 月 26 日发布了适航管理程序《适航法规及法规性文件的制定和修订程序》(AP-01-02),下面介绍其要点。

1.适航立法规划和计划

适航立法是适航管理工作一项经常性的基础工作,应制定长期规划和年度计划。根据适航管理工作的需要,由适航部门各单位提出适航立法项目的建议,负责跟踪国际适航标准的部门提出修订适航标准的建议,任何单位和个人也可向适航部门提交"适航法规和法规性文件的制定、修订建议书",提出有关法规及文件的制定、修订或废止建议。适航立法主管部门汇总各方面的建议后,编制出立法规划和年度计划,其内容包括项目类别(规章或标准、程序和咨询通告)、项目名称、起草单位、负责人和完成日期等。立法规划和年度计划经批准后组织实施。

2.适航规章的制定程序和修订程序

(1)制定程序。

1)确定起草人(组)或委托起草的单位(或专家)。

2)编写大纲并报批。

3)按批准的大纲起草规章。

4)初稿完成后,在适航部门内部讨论,起草人修改初稿,形成征求意见稿。

5)将征求意见稿发有关单位或个人征求意见(标准类规章是技术性法规,又是安全的最低性能要求,力求准确。因此,应向有关技术专家咨询,某些条款需进行试验和论证)。

6)起草该规章的编制说明(目的意义、编制依据、过程、参考资料、主要问题说明、规章的可行性以及对修改意见的处理情况等)。

7)中国民用航空局适航部门审议。

8)召开公众听证会,再次征求意见。

9)依据适航部门评审意见和听证会意见,再次修改有关条款,形成报批稿。

10)中国民用航空局适航部门各业务处会签并报司领导审核。

11)报中国民用航空局法规主管部门审核。

12)中国民用航空局局长办公会议评审、批准定稿。

13)中国民用航空局局长签发"中国民用航空局令",发布。

(2)修订程序。

在其初稿完成后,其余程序与"制定程序"相同。

(3)适航管理程序和咨询通告的制定程序。

1)由中国民用航空局适航部门主管业务处指定专人负责起草。

2)将初稿在适航部门内部征求意见。

3)修改初稿,形成征求意见稿。

4)将征求意见稿发有关单位征求意见,必要时开听证会或请专家审议。

5)召开司务会审议。

6)完成报批稿,在适航部门内部各处会签。

7)报中国民用航空局适航司司长批准并发布。

AP-01-02程序还对规章、程序和咨询通告的格式作了规定,使之规范化。

3.4　部分法规文件内容介绍

3.4.1　CCAR-21-R4

1. 目的和依据

为保障民用航空产品和零部件的适航性,根据《中华人民共和国民用航空法》《中华人民共和国行政许可法》和《中华人民共和国民用航空器适航管理条例》制定此规定。

2. 适用范围

此规定适用于民用航空产品和零部件的型号合格审定、生产许可审定和适航合格审定,包括下列证件的申请、颁发和管理:

(1)型号合格证。

(2)补充型号合格证。

(3)改装设计批准书。

(4)型号认可证。

(5)补充型号认可证。

(6)零部件设计批准认可证。

(7)生产许可证。

(8)零部件制造人批准书。

(9)技术标准规定项目批准书。

(10)适航证。

(11)出口适航证。

(12)外国适航证认可书。

(13)特许飞行证。

(14)适航批准标签。

3. 定义

部分法规文件定义了局方、民用航空产品、零部件、符合性、制造符合性、设计批准、生产批准、适航批准、关键件、标准件、权益转让协议、新航空器、使用过航空器、延程运行(ETOPS)、ETOPS 重要系统、设计国、制造国等概念。

4. 溯及力

(1)1987 年 6 月 1 日(含)以后设计、制造民用航空产品,应当遵守此规定。

(2)1987 年 6 月 1 日以前已经按照中华人民共和国的有关规定进行过设计定型的航空产品,如果用于民用航空活动,那么应当符合下列规定:

1)可以不再申请型号合格证,但是对涉及安全和适航性的缺陷,局方将按照有关适航规章,要求对其进行必要的改装或者规定必要的使用限制。

2)1987 年 6 月 1 日(含)以后对上述民用航空产品进行设计更改,应当遵守 CCAR-21-R4 第三章、第四章的规定。

3)民用航空产品的设计人或者制造人如继续生产,应当遵守 CCAR - 21 - R4 第五章、第六章和第七章的规定。

4)军用航空产品的设计人或者制造人如继续生产,应当遵守 CCAR - 21 - R4 第二章、第五章、第六章和第七章的规定。

5.合格审定程序和职责

(1)申请人申请此规定第 21.2A 条所述的民用航空产品和零部件的证件的合格审定程序包括:

1)申请人按照局方规定的统一格式填写相应的申请书并提交规定的文件资料。

2)对于申请材料不齐全或者不符合格式要求的,局方应当在收到申请之后的 5 个工作日内一次性书面通知申请人需要补正的全部内容。申请材料齐全或者申请人按照局方的通知提交全部补正材料的,局方应当受理申请,并书面通知申请人。不予受理的,局方应当书面说明理由。

3)申请人应当按照受理通知书的要求,缴纳相关费用。

4)在确认收到申请人缴纳的相关费用后,局方根据需要组织审定委员会、审查组或者监察员开展专家技术评审工作。

5)局方自受理申请之日起 20 个工作日内作出是否颁发合格证件的决定。不予颁发证件的,应当书面说明理由。前项所需的专家技术评审时间不计算在内。

(2)民航局对 CCAR - 21 - R4 第 21.2A 条所述的民用航空产品和零部件的证件实施统一管理。民航地区管理局负责以下证件的受理、审查、颁发和管理:

1)改装设计批准书。

2)生产许可证。

3)零部件制造人批准书。

4)特许飞行证。

5)适航批准标签。

(3)民航局负责除此条第(2)款之外的、所有其他第 21.2A 条规定证件的受理、审查、颁发和管理。

6.飞行手册

航空器型号合格证、补充型号合格证、改装设计批准书持有人或者其权益转让协议受让人,或者型号认可证、补充型号认可证持有人,应当在每架航空器交付给使用人时,在航空器上提供现行有效的飞行手册。

3.4.2 CCAR - 23 - R4

1.适用范围及定义

(1)CCAR - 23 - R4 规定了颁发和更改正常类飞机型号合格证的适航要求。

(2)以下定义适用于此规定:

继续安全飞行和着陆是指在可能使用应急程序、不需要特殊驾驶技能和体力的情况下,飞机有能力继续可控飞行和着陆;着陆时,飞机可能出现因失效而导致一些损坏。

2.正常类飞机审定

(1)乘客座位设置为 19 座(局方另有规定除外)或者以下,且最大审定起飞质量为 8 618 kg(19 000 lb①)或者以下的飞机,可按正常类进行审定。

(2)按设置的最大乘客座位数,将飞机分为如下审定等级:

1)1 级:最大乘客座位设置为 0~1 座的飞机。

2)2 级:最大乘客座位设置为 2~6 座的飞机。

3)3 级:最大乘客座位设置为 7~9 座的飞机。

4)4 级:最大乘客座位设置为 10~19 座(局方另有规定除外)的飞机。

(3)按飞行速度,将飞机分为如下性能等级:

1)低速:VNO(最大结构巡航速度)和 VMO(空速)表示的最大使用限制速度不大于 463 km/h(250 kn②)校准空速(Calibrated Air Speed,CAS)且 MMO(马赫速)表示的最大使用限制速度不大于 0.6 的飞机。

2)高速:VNO(最大结构巡航速度)或者 VMO(空速)表示的最大使用限制速度大于 463 km/h(250 kn)校准空速(CAS)或者 VMO 大于 0.6 的飞机。

(4)按此规定审定的飞机,可申请进行特技飞行审定。按特技飞行审定的飞机,可不受限制地用于做机动,但按 CCAR-23-R4 第 G 章制定的限制除外。未按特技飞行审定的飞机,只可用于做正常飞行所需的各种机动,含失速(不包括尾冲失速)和坡度不大于 60°的缓 8 字飞行、急上升转弯和急转弯。

2.可接受的符合性方法

(1)申请人应当采用局方可接受的符合性方法,表明对此规定的符合性。局方可接受的符合性方法包括公认标准和局方接受的其他标准。

(2)申请人应当按局方规定的格式和方式提交符合性方法。

3.条款主要内容

(1)飞行。

1)性能:重量和重心,性能数据,失速速度,起飞性,爬升要求,爬升性能数据,着陆。

②飞行特性:操纵性,配平,稳定性,失速特性,失速警告和尾旋,地面和水上操纵特性,振动,抖振和高速特性,以及在结冰条件下飞行所要求的性能和飞行特性。

(2)结构。

1)一般规定:结构设计包线,系统和结构的相互影响。

2)结构载荷:结构设计载荷,飞行载荷情况,地面载荷和水载荷情况,部件载荷情况,限制和极限载荷。

3)结构性能:结构强度,结构耐久性,气动弹性。

4)设计:设计和构造原理,结构保护,材料和工艺,特殊安全系数。

5)结构乘员保护:应急情况。

---

① 　1 lb=0.453 9 kg;

② 　1 kn=0.514 4 m/s。

（3）设计和构造。

1）总述：飞行操纵系统，起落架系统，水上飞机和水陆两用飞机的浮力。

2）乘员系统设计保护：撤离设施和应急出口，乘员物理环境。

3）防火和高能保护：防火，指定火区和邻近区域的防火，闪电防护。

（4）动力装置。

动力装置条款主要包括：动力装置，功率或推力控制系统，动力装置安装危害性评估，动力装置防冰，反推力系统，动力装置工作特性，燃油系统，动力装置进气和排气系统，动力装置防火。

（5）设备。

设备条款主要包括：飞机级系统要求，功能和安装，系统、设备和安装，电子和电气系统闪电防护，高强辐射场防护，电源和配电系统，外部和驾驶舱照明，安全设备，在结冰条件下飞行，增压系统元件，含高能转子的设备，驾驶舱话音记录器，飞行数据记录器。

（6）飞行机组界面和其他信息。

飞行机组界面和其他信息条款主要包括飞行机组界面，安装和使用，仪表标记、操纵器件标记及标牌，飞行、导航和动力装置仪表，飞机飞行手册，持续适航文件。

（7）电动飞机动力装置补充要求。

电动飞机动力装置补充要求条款主要包括电推进系统，电池和配电系统，电池和电动力系统防火。

3.4.3　CCAR－27－R2

1.制定依据和适用范围

此规章的制定依据为《中华人民共和国民用航空器适航管理条例》第四条和第五条。此规章的适用范围应当符合下列规定：

（1）此规章规定颁发和更改最大质量等于或小于3 180 kg(7 000 lb)且其乘客座位数不大于9的正常类旋翼航空器型号合格证使用的适航标准。

（2）按照中国民用航空规章《民用航空产品和零部件合格审定规定》（CCAR－21）的规定申请正常类旋翼航空器型号合格证或申请对该合格证进行更改的法人，必须表明符合此规章中适用的要求。

（3）多发旋翼航空器可按A类进行型号合格审定，但必须符合此规章中附件C的要求。

2.特别追溯要求

（1）对于2002年8月1日以后制造的各旋翼航空器，申请人必须表明每个乘员座椅均装有满足要求的安全带和肩带。

1）每个乘员座椅必须具有一套单点脱扣的组合式安全带和肩带。每个驾驶员的组合式安全带和肩带必须允许驾驶员在系上安全带和肩带就座时能够完成飞行操作所有必需的功能。不使用安全带和肩带时必须采取措施将其固定，以免妨碍旋翼航空器的操作和应急情况下的快速撤离。

2）必须用安全带加上能防止头部与任何伤害性物体碰撞的肩带，保护每个乘员免受严重的头部损伤。

3)在适用的情况下,安全带和肩带必须满足旋翼航空器型号合格审定基础规定的静强度和动强度要求。

4)对此条而言,旋翼航空器制造日期按下列日期确定:反映旋翼航空器完工并满足中国民用航空局批准的型号设计资料的验收检查记录或等效记录的日期,或外国适航当局证明该旋翼航空器完工并颁发初始标准适航证或等效文件的日期。

(2)对于2002年8月1日之前确定型号合格审定基础的旋翼航空器:

1)只要申请人表明符合2002年8月1日施行的此规章所有适航要求,其最大乘客座位可以增加至8座或9座。

2)只要符合下列要求:增加后的乘客座位数不超出2002年8月1日审定的最大数量,或申请人表明符合至2002年8月1有效的此规章所有适航要求。

3.条款主要内容

(1)飞行。

1)总则:证明符合性的若干规定,质量限制,重心限制,空机质量和相应的重心,可卸配重,主旋翼转速和桨距限制。

2)性能:总则,最小使用速度时的性能,起飞,爬升,全发工作,爬升(一台发动机不工作),自转性能、着陆、高度-速度包线。

3)飞行特性:总则,操纵性和机动性,飞行操纵,配平操纵,稳定性,纵向静稳定性、纵向静稳定性演示、航向静稳定性演示。

4)地面和水面操纵特性:总则,滑行条件,喷溅特性,地面共振。

5)其他飞行要求:振动。

(2)强度要求。

1)总则:载荷,安全系数,强度和变形,结构验证,设计限制。

2)飞行载荷:总则,限制机动载荷系数,合成限制机动载荷,突风载荷,偏航情况,发动机扭矩。

3)操纵面和操纵系统载荷:总则,操纵系统,驾驶员限制作用力和扭矩,双操纵系统,地面间隙,尾桨保护装置,非对称载荷。

4)地面载荷:总则,操纵系统,驾驶员限制作用力和扭矩,双操纵系统,地面间隙,尾桨保护装置,非对称载荷,机尾下沉着陆情况,单轮着陆情况,侧移着陆情况,滑行刹车情况,地面受载情况,地面受载情况(尾轮式起落架、滑橇式起落架),雪橇着陆情况。

5)水载荷:浮筒着水情况。

6)主要部件要求:主旋翼结构,机身,起落架及旋翼支撑结构。

7)应急着陆情况:总则,应急着陆的动态情况,水上迫降的结构要求。

8)疲劳评定:飞行结构的疲劳评定,复合材料旋翼航空器结构的损伤容限和疲劳评定。

(3)设计与构造。

1)总则:设计,关键零部件,材料,制造方法,紧固件,结构保护,闪电和静电防护,检查措施,材料强度特性和设计值,特殊系数,铸件系数,支承系数,接头系数,颤振。

2)旋翼:旋翼桨叶的卸压和排水,质量平衡,旋翼桨叶间隙,防止地面共振的措施。

3)操纵系统:总则,增稳系统,自动和带动力的操纵系统,主飞行操纵系统,交连的操纵系统,止动器,操纵系统锁,限制载荷静力试验,操作试验,操纵系统的细节设计,弹簧装置,自转操纵机构,动力助力和带动力操作的操纵系统。

4)起落架:减震试验,限制落震试验,储备能量吸收落震试验,收放机构,机轮,轮胎,刹车,雪橇。

5)浮筒和船体:主浮筒浮力,主浮筒设计,船体。

6)载人和装货设备:驾驶舱,驾驶舱视界,风挡和窗户,驾驶舱操纵器件,驾驶舱操纵器件的动作和效果,舱门,座椅,卧铺,担架,安全带和肩带,货舱和行李舱,水上迫降,飞行机组成员应急出口,应急出口,通风,加温器。

7)防火:座舱内部设施,货舱和行李舱,加温系统,结构,操纵机构和其他部件的防火,可燃液体的防火。

8)外挂物。

9)其他:水准测量标记,配重设施。

(4)动力装置。

1)动力装置:发动机,发动机振动。

2)旋翼传动系统:设计,旋翼刹车,旋翼传动系统和操纵机构的试验,附加试验,轴系的临界转速,轴系接头,涡轮发动机工作特性。

3)燃油系统:总则,燃油系统的抗坠撞性,燃油系统的独立性,燃油流量,不可用燃油量,燃油系统在热气候条件下的工作,燃油箱,燃油箱试验,燃油箱安装,燃油箱膨胀空间,燃油箱沉淀槽,燃油箱加油口接头,燃油箱通气,燃油箱出油口。

4)燃油系统部件:燃油泵,燃油系统导管和接头,燃油阀,燃油滤网或燃油滤,燃油系统放油嘴。

5)滑油系统:发动机,滑油箱,滑油箱试验,滑油导管和接头,滑油滤网或滑油滤,滑油系统放油嘴,传动装置和减速器。

6)冷却:总则,冷却试验,冷却试验程序。

7)进气系统:进气,进气系统防冰。

8)排气系统:总则,排气管。

9)动力装置的操纵机构和附件:动力装置的操纵机构,发动机操纵机构,点火开关,混合比操纵机构,旋翼刹车操纵机构,动力装置附件。

10)动力装置的防火:导管,接头和组件,可燃液体,通风和排放,切断措施,防火墙,整流罩和发动机舱蒙皮,其他表面,火警探测系统。

(5)设备。

1)总则:功能和安装,飞行和导航仪表,动力装置仪表,其他设备,设备,系统及安装,电子和电气系统的闪电防护,高强辐射场保护。

2)仪表安装:布局和可见度,警告灯,戒备灯和提示灯,空速指示系统,静压系统,磁航向指示器,自动驾驶仪系统,飞行指引系统,动力装置仪表。

3)电气系统和设备:总则,蓄电池的设计和安装,电路保护装置,总开关,电缆,开关。

4)灯:仪表灯,着陆灯,航行灯系统的安装,航行灯系统的二面角,航行灯灯光分布和光强,前、后航行灯水平平面内的最小光强,前、后航行灯任一垂直平面内的最小光强,前、后航行灯的最大掺入光强,航行灯颜色规格,停泊灯,防撞灯系统。

5)安全设备:总则,安全带,水上迫降设备,防冰,液压系统,驾驶舱录音机,飞行记录器,含高能转子的设备。

(6)使用限制和资料。

1)使用限制:空速限制,不可超越速度,旋翼转速,重量和重心,动力装置限制,最小飞行机组,运行类型,最大使用高度,持续适航文件。

2)标记和标牌:总则,仪表标记,空速表,磁航向指示器,动力装置仪表,滑油油量指示器,燃油油量表,操纵器件标记,其他标记和标牌,限制标牌,安全设备,尾桨。

3)旋翼航空器飞行手册和批准的手册资料:总则,使用限制,使用程序,性能资料,装载资料。

3.4.4　CCAR-29-R2

1.制定依据和适用范围

此规章的制定依据为《中华人民共和国民用航空器适航管理条例》第四条和第五条。此规章的适用范围应当符合下列规定。

(1)此规章规定颁发和更改运输类旋翼航空器型号合格证用的适航标准。

(2)运输类旋翼航空器必须按照此规章 A 类或 B 类的要求进行合格审定。多发旋翼航空器可以同时按 A 类和 B 类进行型号合格审定,但必须对每一类规定相应的和不同的使用限制。

(3)最大质量大于 9 080 kg(20 000 lb)和客座量等于或大于 10 座的旋翼航空器,必须按照 A 类旋翼航空器进行型号合格审定。

(4)最大质量大于 9 080 kg(20 000 lb)和客座量等于或小于 9 座的旋翼航空器,可按 B 类旋翼航空器进行型号合格审定,但必须符合此规章中 C、D、E 章和 F 章的 A 类要求。

(5)最大质量等于或小于 9 080 kg(20 000 lb)和客座量等于或大于 10 座的旋翼航空器,可按 B 类旋翼航空器进行型号合格审定,但必须符合此规章中第 29.67 条(a)(2)、第 29.87 条、第 29.1517 条和 C、D、E 和 F 章的 A 类要求。

(6)最大质量等于或小于 9 080 kg(20 000 lb)和客座量等于或小于 9 座的旋翼航空器,可按 B 类旋翼航空器进行型号合格审定。

(7)按照中国民用航空规章《民用航空产品和零部件合格审定规定》(CCAR-21)申请此条所述合格证或申请对该合格证进行更改的法人,必须表明符合此规章中适用的要求。

2.特别追溯要求

对于 2003 年 8 月 1 日以后制造的各旋翼航空器,申请人必须表明每个乘员座椅均装有满足要求的安全带和肩带。

(1)每个乘员座椅必须具有一套单点脱扣的组合式安全带和肩带。每个驾驶员的组合式安全带和肩带必须允许驾驶员在系上安全带和肩带就座时能够完成飞行操作所有必需的功能。不使用安全带和肩带时必须采取措施将其固定,以免妨碍旋翼航空器的操作和应急情况下的快速撤离。

(2)必须用安全带加上能防止头部与任何伤害性物体碰撞的肩带,保护每个乘员免受严重的头部损伤。

（3）在适用的情况下，安全带和肩带必须满足旋翼航空器型号审定基础规定的静强度和动强度要求。

（4）对本条而言，旋翼航空器的制造日期按下列日期确定：

1）反映旋翼航空器完工并满足中国民用航空局（简称民航局）批准的型号设计资料的验收检查记录或等效记录的日期。

2）外国适航当局证明该旋翼航空器完工并颁发初始标准适航证或等效文件的日期。

3. 条款主要内容

（1）飞行。

1）总则：证明符合性的若干规定，重量限制，重心限制，空机重量和相应的重心，可卸配重，主旋翼转速和桨距限制。

2）性能：总则，最小使用速度时的性能，起飞数据，起飞，起飞决断点，起飞航迹，高架直升机场起飞航迹，起飞距离，中断起飞。

3）飞行特性：总则，操纵性与机动性，飞行操纵，配平操纵，纵向静稳定性，航向静稳定性，动稳定性。

4）地面和水面操纵特性：总则，滑行条件，喷溅特性，"地面共振"。

5）振动。

（2）强度要求。

1）总则：载荷，安全系数，强度和变形，结构验证，设计限制。

2）飞行载荷：总则，限制机动载荷系数，合成限制机动载荷，突风载荷，偏航情况，发动机扭矩。

3）操纵面和操纵系统载荷：总则，操纵系统，驾驶员限制作用力和扭矩，双操纵系统、地面间隙，尾桨保护装置，非对称载荷。

4）地面载荷：总则，地面受载情况和假定，轮胎和缓冲器，起落架的布置，水平着陆情况，机尾下沉着陆情况，单轮着陆情况，侧移着陆情况，滑行刹车情况，地面受载情况。

5）水载荷：船体型旋翼航空器（水基、水陆两用型），浮筒着水情况。

6）主要部件要求：主旋翼和尾旋翼结构，机身和旋翼支撑结构，辅助升力面。

7）应急着陆情况：总则，应急着陆动态情况，水上迫降的结构要求。

8）疲劳评定：金属结构的疲劳容限评定，复合材料旋翼航空器结构的损伤容限和疲劳评定。

（3）设计与构造。

1）总则：设计，关键零部件，材料，制造方法，紧固件，结构保护，闪电和静电防护，检查措施，材料的强度性能和设计值，特殊系数，铸件系数，支承系数，接头系数，颤振和发散。

2）旋翼：鸟击，旋翼桨叶的卸压排水，质量平衡，旋翼桨叶间隙，防止地面共振的措施。

3）操纵系统：总则，主飞行操纵系统，交联操纵装置，止动器，操纵系统锁，限制载荷静力试验，操作试验，操纵系统的细节设计，弹簧装置，自转操纵机构，动力助力和带动力操作的操纵系统。

4）起落架：减震试验，限制落震试验，储备能量吸收落震试验，收放机构，机轮，轮胎，刹车,雪橇。

5)浮筒和船体:主浮筒浮力,主浮筒设计,船体浮力,船体和辅助浮筒强度。

6)载人和装货设备:驾驶舱,驾驶舱视界,风挡与窗户,驾驶舱操纵器件,驾驶舱操纵器件的动作和效果,舱门,座椅,卧铺,担架,安全带和肩带,货舱和行李舱,水上迫降,应急撤离,飞行机组应急出口,旅客应急出口,应急出口的布置,应急出口的标记,应急照明,应急出口通路,主过道宽度,通风,加温器。

7)防火:灭火瓶,座舱内部设施,货舱和行李舱,燃烧加温器的防火,操纵器件和其他部件的防火,可燃液体的防火。

8)外挂物。

9)其他:水平测量标记,配重设施。

(4)动力装置。

1)总则:动力装置,发动机,发动机振动,冷却风扇。

2)旋翼传动系统:旋翼刹车,旋翼传动系统和操纵机构的试验,附加试验,轴系的临界转速,轴系接头,涡轮发动机工作特性。

3)燃油系统:总则,燃油系统的抗坠撞,燃油系统的独立性,闪电防护,燃油流量,连通油箱之间的燃油流动,不可用燃油量,燃油系统在热气候条件下的工作,燃油箱,燃油箱试验,燃油箱安装,燃油箱的膨胀空间,燃油箱沉淀槽,燃油箱加油口接头,燃油箱的通气和汽化器蒸气的排放,燃油箱出油口,低于油面的压力加油和加油设备。

4)燃油系统部件:燃油泵,燃油系统导管和接头,燃油阀,燃油滤网或燃油滤,燃油系统放油嘴,应急放油。

5)滑油系统:发动机,总则,滑油箱,滑油箱试验,滑油导管和接头,滑油滤网或滑油滤,滑油系统放油嘴,滑油散热器,滑油阀,传动装置和减速器。

6)冷却:总则,冷却试验,爬升冷却试验程序,起飞冷却试验程序,悬停冷却试验程序。

7)进气系统:进气,进气系统的防冰,汽化器空气预热器的设计,进气系统管道和空气导管系统,进气系统的空气滤,中间冷却器和后冷却器,汽化器空气冷却。

8)排气系统:总则,排气管,排气热交换器,动力装置的操纵机构,辅助动力装置的操纵机构,发动机的操纵机构,点火开关,混合比操纵机构,旋翼刹车操纵机构,汽化器空气温度控制装置,增压器操纵机构,动力装置附件,发动机点火系统。

9)动力装置的防火:指定火区,包括范围,导管,接头和组件,可燃液体,火区的排油和通风,切断措施,防火墙,整流罩和发动机舱蒙皮,其他表面,灭火系统,灭火剂,灭火瓶,灭火系统材料,火警探测系统。

(5)设备。

1)总则:功能和安装,飞行和导航仪表,动力装置仪表,其他设备,设备,系统及安装,电气和电子系统的闪电防护,高强辐射场保护。

2)仪器安装:布局和可见度,警告灯,戒备灯和提示灯,空速指示系统,静压和气压高度表系统,磁航向指示器,自动驾驶仪系统,使用能源的仪表,仪表系统,飞行指引系统,动力装置仪表。

3)电气系统和设备:总则,电气设备及安装,配电系统,电路保护装置,电气系统防火和防烟,电气系统试验。

4)灯:仪表灯,着陆灯,航行灯系统的安装,航行灯系统二面角,航行灯灯光分布与光强,前、后航行灯水平平面内的最小光强,前、后航行灯任一垂直平面内的最小光强,前、后航行灯的最大掺入光强,航行灯颜色规格,停泊灯,防撞灯系统。

5)安全设备:总则,安全带,乘客告警设施,水上迫降设备,防冰。

6)电子设备:电子设备,真空系统,液压系统,防护性呼吸设备,驾驶舱录音机,飞行记录器,含高能转子的设备。

(6)使用限制和资料。

1)总则:使用限制,空速限制,总则,不可超越速度,旋翼转速,极限高度-速度包线,重量和重心,动力装置限制,辅助动力装置限制,最小飞行机组,运行类型,最大使用高度,持续适航文件。

2)标记和标牌:总则,仪表标记,空速表,磁航向指示器,动力装置仪表,滑油油量指示器,燃油油量表,操纵器件标记,其他标记和标牌,限制标牌,安全设备,尾桨。

3)旋翼航空器飞行手册:总则,使用限制,使用程序,性能资料,装载资料。

第4章 民用航空器国籍登记

4.1 航空器国籍登记的法律依据

4.1.1 航空器国籍登记的国际法

民用航空器,是指除用于执行军事、海关、警察飞行任务以外的航空器。在本章中民用航空器简称航空器。航空器不得具有双(多)重国籍,它具有其登记国的国籍;航空器登记可由一国转移到另一国;航空器登记和转移登记的条件、程序由登记国的国内法规定;航空器登记后即具有登记机构给定的国籍和登记标志。航空器国籍登记证是从事航行的必要条件之一。

4.1.2 航空器国籍登记的国内法

(1)我国《航空法》第二章"民用航空器国籍",是《航空法》的重要组成部分。它规定了"民用航空器不得具有双重国籍,未注销外国国籍的民用航空器不得在中华人民共和国申请国籍登记,依法取得中华人民共和国国籍的应当标有规定的国籍标志和登记标志",并规定了航空器登记的条件和登记机构。

(2)《中华人民共和国民用航空器适航管理条例》第十一条规定,在中华人民共和国境内飞行的民用航空器必须具有国籍登记证。在中华人民共和国注册登记的民用航空器,具有中华人民共和国国籍。国籍登记证由民航局颁发。民用航空器取得国籍登记证后,必须按照规定在该民用航空器的外表标明国籍登记识别标志。

(3)《中华人民共和国香港特别行政区基本法》第一百二十九条规定,香港特别行政区继续实行原有香港实行的民用航空管理制度,并按中央人民政府关于飞机国籍标志和登记标志的规定,设置自己的飞机登记证。

(4)中国民用航空规章《民用航空器国籍和登记的规定》(CCAR - 45)中规定:

1)航空器不得具有双重国籍;未注销外国国籍的航空器不得在中华人民共和国登记注册,未注销中华人民共和国国籍的航空器在外国进行登记,中国不予承认。

2)航空器登记的条件。

3)国籍登记证的申请与颁发要求和程序。

4)注销登记和变更登记程序。

5)国籍标志和登记标志及其在航空器上的喷涂要求。

4.2 航空器登记国的权利和义务

4.2.1 登记国的权利

（1）航空器在其登记国领域内活动,完全置于该国管辖之下。

（2）航空器在其登记国领域外飞行期间,在一定条件下,其登记国也具有管辖权,对航空器内发生的法律行为和事件等可适用其登记国的法律。我国刑法规定:"凡在中华人民共和国船舶或飞机内犯罪的,也适用本法。"

（3）航空器登记后,其登记国即对该航空器具有适航管理权。

（4）保护权:航空器登记国有权保护本国航空器。

4.2.2 登记国的义务

（1）不滥用航空器。所谓滥用航空器是指容许不符合安全、有序和平等竞争的原则使用或经营航空器的行为。

（2）严格安全管理,制定标准并监督执行,以及颁发相应证件。

（3）航空器从事国际飞行,须携带其登记国颁发或核准的下列证件:

1)航空器登记证。

2)航空器适航证。

3)无线电台执照。

4.3 国籍标志和登记标志

国籍标志是识别航空器国籍的标志,登记标志是航空器登记国在航空器登记后给定的标志。国际民用航空组织理事会于1949年2月8日通过了《国际民用航空公约》附件7《航空器国籍标志和登记标志》,这是一个国际标准。1981年7月30日通过了附件7的第4次修改。当各缔约国的规定与附件7的规定有差异时,应通知国际民航组织备案认可,并在该附件7的附录中加以说明。

4.3.1 国籍标志

（1）国籍标志选定规则:国籍标志须从国际电联（International Telecommunication Union,ITU）分配给登记国的无线电呼叫信号中的国籍代号系列中选择。须将国籍标志通知国际民航组织。

（2）中国航空器的国籍标志:按照前款原则,我国选定拉丁字母"B"为中国航空器的国籍标志,并在我国恢复在国际民航组织中的合法地位后不久,便通知了国际民航组织,得到了认可,已载于《国际民用航空公约》附件7的附录中。

4.3.2　共用标志

(1)由来:国际民航组织理事会于 1969 年 1 月 23 日通过了附件 7 第 3 次修改,并于同年 5 月 23 日生效。引进了"共用标志""共用标志登记当局""国际经营机构"等词。《国际民用航空公约》第七十七条规定,预期不以国家形式登记航空器的可以采用共用标志。

(2)共用标志的确定规则:共用标志须从国际电联分配给国际民航组织的无线电呼叫信号的代号系列中选定。由国际民航组织给共用标志登记当局指定共用标志。

4.3.3　登记标志

(1)一般规定登记标志须是字母、数字或者两者的组合,列在国籍标志之后,第一位是字母的,则国籍标志与登记标志之间应有一短横线。

(2)中国航空器的登记标志:由数位数字、字母或其组合而成,列在国籍标志 B 之后,两者之间有一短横线。由于目前我国航空器登记标志基本采用四位阿拉伯数字,即登记标志的第一位是数字,与国籍标志之间有一短划,与公约附件 7 的规定有差异,但登记标志第一位也可用字母,其前有一短横线,与附件 7 无差异。

(3)临时登记标志:对于尚未取得国籍登记证的航空器,CCAR－45 部规定,当用于试验和表演飞行时,未交付出口的调机飞行(在国外交付时)以及中国民用航空局认为必要的情况下,可申请临时登记标志。具有临时登记标志的航空器不得从事客货运输及其他经营活动。

4.4　中国民用航空器国籍登记规定

4.4.1　总则

《民用航空器国籍登记规定》(简称《规定》)于 1998 年 6 月 10 日由中国民用航空局公布,又根据 2022 年 1 月 4 日交通运输部《关于修改〈民用航空器国籍登记规定〉的决定》第一次修正,根据 2022 年 7 月 12 日交通运输部《关于修改〈民用航空器国籍登记规定〉的决定》第二次修正。

加强对民用航空器国籍的管理,保障民用航空活动安全,维护民用航空活动秩序,根据《中华人民共和国民用航空器国籍登记条例》,制定《规定》。

《规定》所称航空器是指任何能够凭借空气的反作用力获得在大气中的支承力并由所载人员驾驶的飞行器械,包括固定翼航空器、旋翼航空器、载人气球、飞艇以及中国民用航空局(简称"民航局")认定的其他飞行器械。

《规定》所称民用航空器,是指除用于执行军事、海关、警察飞行任务外的航空器。

在中华人民共和国领域内飞行的民用航空器,应当具有规定的国籍标志和登记标志或临时登记标志,并携带国籍登记证书或临时登记证书。

下列民用航空器应当依照《规定》进行国籍登记:

(1)中华人民共和国国家机构的民用航空器。

(2)依照中华人民共和国法律设立的企业法人的民用航空器。

(3)在中华人民共和国境内有住所或者主要营业所的中国公民的民用航空器。

(4)依照中华人民共和国法律设立的事业法人的民用航空器。

(5)民航局准予登记的其他民用航空器。

自境外租赁的民用航空器,承租人符合前款规定,该民用航空器的机组人员由承租人配备的,可以申请登记中华人民共和国国籍。但是,必须先予注销该民用航空器原国籍登记。

民用航空器依法登记后,取得中华人民共和国国籍,受中华人民共和国法律管辖和保护。中华人民共和国作为该航空器登记国,承担《国际民用航空公约》规定的职责和义务。

中华人民共和国根据《国际民用航空公约》与其他国家签署了关于登记国职责和义务转移的协定的,服从其规定。

航空器为国外设计型号并且是该型号航空器首次在中华人民共和国登记的,民航局应当把该航空器在我国的登记情况书面通知设计国民用航空主管部门。

民航局主管中华人民共和国民用航空器国籍登记,设立中华人民共和国民用航空器国籍登记簿,统一记载民用航空器的国籍登记事项。

民用航空器不得具有双重国籍。未注销外国国籍的民用航空器,不得在中华人民共和国申请国籍登记;未注销中华人民共和国国籍的民用航空器,不得在外国办理国籍登记。

民用航空器国籍登记不得作为民用航空器所有权的证据。

4.4.2 国籍登记

(1)符合《规定》第五条的民用航空器的所有人或者占有人(简称"申请人")向民航局申请中华人民共和国民用航空器国籍登记,应当按照民航局规定的格式如实填写民用航空器国籍登记申请书,并提交下列文件:

1)证明申请人合法身份的文件。

2)作为取得民用航空器所有权证明的购买合同和交接文书,或者作为占有民用航空器证明的租赁合同和交接文书。

3)未在外国登记国籍或者已注销外国国籍的证明。

4)民航局要求提交的其他有关文件。

(2)民航局自收到民用航空器国籍登记申请之日起7个工作日内,对申请书及有关证明文件进行审查;经审查,符合本规定的,即在中华人民共和国民用航空器国籍登记簿上登记该民用航空器,并向申请人颁发中华人民共和国民用航空器国籍登记证书。民用航空器国籍登记证书的有效期自颁发之日起至变更登记或注销登记之日止。

(3)民航局在民用航空器国籍登记簿中载明下列事项:

1)民用航空器国籍标志和登记标志。

2)民用航空器制造人名称。

3)民用航空器型号。

4)民用航空器出厂序号。

5)民用航空器所有人名称及其地址。

6)民用航空器占有人名称及其地址。

7)民用航空器登记日期。

8)民用航空器国籍登记证书签发人姓名。

9)变更登记日期。

10)注销登记日期。

(4)民用航空器国籍登记证书应当放置于民用航空器内显著位置,以备查验。

(5)取得中华人民共和国国籍的民用航空器,遇有下列情形之一时,应当向民航局申请办理变更登记:

1)民用航空器所有人或其地址变更。

2)民用航空器占有人或其地址变更。

3)民航局规定需要办理变更登记的其他情形。

申请人应当按照民航局规定的格式填写民用航空器变更登记申请书,并提交有关证明文件,交回原民用航空器国籍登记证书。民航局自收到民用航空器国籍登记变更申请之日起 7 个工作日内,对申请书及有关证明文件进行审查;经审查,符合本规定的,即在中华人民共和国民用航空器国籍登记簿上进行变更登记,并颁发变更后的民用航空器国籍登记证书。

(6)取得中华人民共和国国籍的民用航空器,遇有下列情形之一的,应当向民航局申请办理注销登记:

1)民用航空器所有权依法转移境外并已办理出口适航证的。

2)民用航空器退出使用或者报废的。

3)民用航空器失事或者失踪并停止搜寻的。

4)符合本规定第五条第二款规定的民用航空器租赁合同终止的。

5)民航局规定需要办理注销登记的其他情形。

申请人应当按照民航局规定的格式填写民用航空器注销登记申请书,并提交有关证明文件,交回原民用航空器国籍登记证书,但本条前款第(三)项的情况除外。民航局自收到申请书之日起 7 个工作日内,对申请书及有关证明文件进行审查;经审查,符合本规定的,即注销该民用航空器的国籍登记。民用航空器注销国籍登记的,该航空器上的国籍标志和登记标志应当予以覆盖。

(7)民用航空器国籍登记证书遗失或污损的,应当按照本规定第十条向民航局申请补发或者更换民用航空器国籍登记证书,并提交有关说明材料。民航局自收到申请之日起 7 个工作日内,对申请书及有关材料进行审查;经审查,符合本规定的,即补发或者更换民用航空器国籍登记证书。

(8)民用航空器出口的,申请人可以向民航局申请向进口国出具该航空器未进行国籍登记或已注销国籍登记的证明。

(9)申请人办理民用航空器国籍登记、变更登记、注销登记和临时登记,应当按照民航局和国家物价主管部门的规定缴纳登记费。

(10)不得涂改、伪造或转让民用航空器国籍登记证书。

4.4.3　国籍标志和登记标志

(1)中华人民共和国民用航空器的国籍标志为罗马体大写字母 B。

（2）中华人民共和国民用航空器登记标志为阿拉伯数字、罗马体大写字母或者二者的组合。该组合不得与下列标志产生混淆：

1）Q 简语电码中所用的以 Q 字为首的三字组合。

2）遇险求救信号 SOS，或者 XXX、PAN、TTT 等其他紧急信号。

（3）中华人民共和国民用航空器的国籍标志置于登记标志之前，国籍标志和登记标志之间加一短横线。

（4）取得中华人民共和国国籍的民用航空器，应当将规定的国籍标志和登记标志用漆喷涂在该航空器上或者用其他能够保持同等耐久性的方法附着在该航空器上，并保持清晰可见。

4.4.4　民用航空器的标识

（1）民用航空器上国籍标志和登记标志的位置应当符合下列规定：

1）固定翼航空器——位于机翼和尾翼之间的机身两侧或垂直尾翼两侧（如系多垂直尾翼，则应在两外侧）和机翼的下表面。机翼下表面的国籍标志和登记标志应位于左机翼的下表面，除非它们延伸穿过机翼的整个下表面。

2）旋翼航空器——位于尾梁两侧或垂直尾翼两侧。

3）飞艇——位于飞艇艇身或安定面上。如标志在艇身上，则应沿纵向配置在艇身两侧及顶部对称线处；如标志在安定面上，则应位于右水平安定面上表面、左水平安定面下表面和垂直安定面下半部两侧。

4）载人气球——靠近球体表面水平最大圆周直径两端对称部位。

航空器构形特别，其国籍标志和登记标志的位置不符合本条前款规定的，应当位于易于识别该航空器的部位。

（2）民用航空器上国籍标志和登记标志的字体和尺寸应当符合下列规定：

1）字母和数字（简称"字"）、短横线均由不加装饰的实线构成。

2）除短横线外，机翼及飞艇、气球上每个字的字高不小于 50 cm，机身、垂直尾翼、尾梁上每个字的字高不小于 30 cm。

3）每个字的字宽和短横线的长度为字高的 2/3。

4）每个字的笔画的宽度为字高的 1/6。

5）每两个字的间隔不小于字宽的 1/4，不大于字宽的 3/4。

6）每个单独一组的国籍标志和登记标志的字高应相等。

民用航空器上国籍标志和登记标志的字体或尺寸不符合本条前款规定的，应当经过民航局核准。

（3）民用航空器两侧标志的位置应当对称，字体和尺寸应当相同。机翼或水平安定面上字母和数字的顶端应朝向前缘，其距前后缘的距离应尽可能相等。国籍标志和登记标志的颜色应与背底颜色呈鲜明对照，并保持完整、清晰。

（4）任何单位或者个人不得在民用航空器上喷涂、粘贴易与国籍标志和登记标志相混淆的图案、标记或者符号。

在民用航空器上喷涂中华人民共和国国旗、民航局局徽、"中国民航"字样的，应当符合民航局规定。

（5）民用航空器所有人或者占有人的名称和标志,应当按下列规定在其每一航空器上标明：

1）名称喷涂在航空器两侧,固定翼航空器还应当喷涂在右机翼下表面、左机翼上表面。

2）标志喷涂在航空器的垂尾上,航空器没有垂尾的,喷涂在符合民航局规定的适当位置。

本条所称名称,是指民用航空器所有人或者占有人的法定名称或者简称。

（6）民用航空器所有人或者占有人的标志不得与其他机构的标志相混淆。民用航空器所有人或者占有人应当将每一型号航空器外部喷涂方案的工程图（侧视、俯视、仰视图）及彩图或者彩照报民航局备案。

（7）取得中华人民共和国国籍的民用航空器,应当载有一块刻有国籍标志和登记标志的识别牌。该识别牌应当用耐火金属或者其他具有合适物理性质的耐火材料制成,并且应当固定在航空器内主舱门附近的显著位置。

4.4.5　临时登记

（1）对未取得民用航空器国籍登记证书的民用航空器,申请人应当在进行下列飞行前30 日内,按照民航局规定的格式如实填写申请书,并向民航局提交有关证明文件,办理临时登记：

1）验证试验飞行、生产试验飞行。

2）表演飞行。

3）未交付或者出口的调机飞行。

4）其他必要的飞行。

前款申请人是指民用航空器制造人、销售人或者民航局认可的其他申请人。

民航局准予临时登记的,应当确定临时登记标志,颁发临时登记证书。临时登记证书在其载明的期限内有效。

（2）临时登记标志应当按照《规定》第四章在航空器上标明。取得临时登记标志的民用航空器出口的,可以使用易于去除的材料将临时登记标志附着在民用航空器上,并应当完全覆盖外方要求预先喷涂的外国国籍标志和登记标志。

（3）载有临时登记标志的民用航空器不得从事《规定》第三十一条第一款以外的飞行活动。

4.4.6　法律责任

（1）违反《规定》第四条、第十九条、第三十三条,民用航空器没有或者未携带符合《规定》的民用航空器国籍登记证书或者临时登记证书的,民航局或者其授权的地区管理局可以禁止该民用航空器起飞。

有下列情形之一的,民航局或者其授权的地区管理局可以处以警告；利用该民用航空器从事经营活动,有违法所得的,可以处以违法所得 3 倍以下的罚款（最高不超过 3 万元）,没有违法所得的,可以处以 1 万元以下的罚款；利用该民用航空器从事非经营活动的,可以处

以 1 000 元以下的罚款:

1)违反《规定》第十九条,伪造、涂改或者转让民用航空器国籍登记证书的。

2)违反《规定》第三十三条,载有临时登记标志的民用航空器从事《规定》第三十一条第一款以外的飞行活动的。

(2)有下列情形之一的,民航局或者其授权的地区管理局可以处以警告;利用该民用航空器从事经营活动,有违法所得的,可以处以违法所得 3 倍以下的罚款(最高不超过 3 万元),没有违法所得的,可以处以 1 万元以下的罚款;利用该民用航空器从事非经营活动的,可以处以 1 000 元以下的罚款:

1)违反《规定》第二十四条、第二十五条、第二十六条,不按规定的位置、字体、尺寸在航空器上标明国籍标志和登记标志的。

2)违反《规定》第二十七条第二款,在民用航空器上喷涂中华人民共和国国旗、民航局局徽、"中国民航"字样,不符合民航局规定的。

3)违反《规定》第二十八条,不按规定在每一航空器上标明民用航空器所有人或者占有人的名称和标志的。

4.5　中国民用航空器国籍登记程序

4.5.1　登记程序

1.国籍标志和登记标志的申请

(1)申请人应当如实填写"民用航空器国籍标志和登记标志申请书"[AAC-190(06/2008)],由申请人的法定代表人或其出具授权书授权的代表签字并盖申请人印章;申请人为自然人的,应由其本人签字。

(2)申请人向民航局航空器适航审定司提交申请书,出示现行有效的下列证明文件原件及其复印件:

1)申请人合法身份的证明文件,包括:

国家机关:证明文件。

企业法人:企业法人营业执照;尚未取得企业法人营业执照的,应提供工商行政管理机关出具的企业名称预先核准通知书。该企业法人为经营性航空企业的,还应当提供经营许可证;尚未取得经营许可证的,应提供经民航局批准筹建的证明文件。

事业单位:事业单位法人证书。

社会团体:社会团体法人登记证书。

公民个人:居民身份证及其所在地公安机关出具的无犯罪记录证明。

民航局要求的其他证明文件。

2)购买合同或租赁合同(合同中商业秘密条款除外)等证明文件。

3)民航局航空器适航审定司在 20 日之内审核申请材料,符合要求的,给定国籍标志和登记标志,并向申请人发"民用航空器国籍标志和登记标志的函"[AAC-191(06/2008)],抄送有关部门并复印存档。

2. 民用航空器国籍登记证一般申请程序

(1)申请人应当如实填写"民用航空器国籍登记证申请书"[AAC-056(06/2008)]。申请人为法人的,应由其法定代表人或法定代表人授权的人签字并盖申请人印章;申请人为自然人的,应由其本人签字。

(2)申请人向民航局航空器适航审定司提交申请书,并提交下列文件:

1)购租机批文(如适用)。

2)交接文书。

3)未在外国或地区登记国籍或者已注销外国或地区国籍的证明。

4)申请人拟从事国际航行的,应提供申请人的英文名称及相关证明文件。

5)民航局要求提交的其他有关文件。

(3)对申请书及有关证明文件进行审查后,对于符合《民用航空器国籍登记规定》(CCAR-45-R1)规定的申请人,民航局航空器适航审定司应在收到申请之日起 20 日之内,在民用航空器国籍登记簿上登记该民用航空器。

4.5.2 变更登记程序

已取得中华人民共和国国籍的民用航空器,遇有 CCAR-45-R1 所列下述情形之一的:

(1)民用航空器所有人或占有人变更。

(2)民用航空器所有人或占有人名称变更。

(3)民用航空器所有人或占有人地址变更。

(4)民航局规定需要办理变更登记的其他情形。

申请人应当按下列程序申请办理变更登记:

(1)申请人如实填写"民用航空器国籍登记变更申请书"[AAC-193(06/2008)]。申请人为法人的,应由其法定代表人或法定代表人授权的人签字并盖申请人印章;申请人为自然人的,应由其本人签字。

(2)申请人向民航局航空器适航审定司提交民用航空器国籍登记变更申请书,出示有关证明文件原件及其复印件。民用航空器所有人或占有人变更的,应提交相关证明文件;民用航空器所有人或占有人名称或地址变更的,应提交相关证明文件。

(3)经对申请书及有关证明文件进行审查后,对于符合 CCAR-45-R1 规定的申请人,民航局航空器适航审定司应在收到申请之日起 20 日之内,在民用航空器国籍登记簿上进行变更登记,在申请人交纳国籍登记费后,颁发变更后的民用航空器国籍登记证,相关文件复印存档;材料不齐全的,应当场或在 5 个工作日内一次告知申请人需要补正的全部内容;对于不符合 CCAR-45-R1 规定的申请人,应在 20 日内给出不予办理变更登记的书面通知,退回其申请书及有关文件,说明理由并告知申请人享有依法申请行政复议或者提起行政诉讼的权利。

(4)持证人应在该航空器变更登记后的 30 日内,向民航局航空器适航审定司交回原国籍登记证。

4.5.3　注销登记程序

民用航空器失事或者失踪并停止搜寻的,由民航局航空器适航审定司注销其国籍登记。已取得民用航空器国籍登记证的航空器,遇有下列情形之一的,民用航空器国籍登记证持有人应当向民航局申请办理注销登记:

(1)民用航空器依法转移至境外并已办理出口适航证的。

(2)民用航空器退出使用或者报废的。

(3)自境外租赁的民用航空器,租赁合同终止的。

(4)民航局规定需要办理注销登记的其他情形。

应当由该航空器国籍登记证持有人按下列程序申请办理注销登记:

(1)申请人如实填写"民用航空器国籍登记注销申请书"[AAC-104(06/2008)]。申请人为法人的,应由其法定代表人或法定代表人授权的人签字并盖申请人印章;申请人为自然人的,应由其本人签字。

(2)申请人向民航局航空器适航审定司提交"民用航空器国籍登记注销申请书"[AAC-104(06/2008)],出示有关证明文件原件及其复印件。

(3)申请人向民航局航空器适航审定司交回该航空器的原国籍登记证,并交纳注销登记费。

(4)对申请书及有关证明文件进行审查后,对于符合CCAR45-R1规定的申请人,民航局航空器适航审定司应在收到申请之日起20日之内,在民用航空器国籍登记簿上予以注销该航空器的国籍登记并出具"注销登记函件"[AAC-194(06/2008)],同时抄送有关部门,相关文件复印存档;材料不齐全的,应当场或在5个工作日内一次告知申请人需要补正的全部内容;对于不符合CCAR-45-R1规定的申请人,应在20日内给出不予办理注销登记的书面通知,退回其申请书及有关文件,说明理由并告知申请人享有依法申请行政复议或者提起行政诉讼的权利。

(5)申请人应按CCAR-45-R1规定将该航空器上的国籍标志和登记标志覆盖或去除。

4.5.4　补发或更换国籍登记证程序

民用航空器国籍登记证遗失或污损时,按下列程序申请办理补发或更换国籍登记证:

(1)申请人按程序规定如实填写"国籍登记证申请书"[AAC-056(06/2008)]。

(2)申请人向民航局航空器适航审定司提交"国籍登记证申请书"及有关说明材料。

(3)对申请书及有关说明材料进行审查后,对于符合CCAR-45-R1规定的申请人,民航局航空器适航审定司应在收到申请之日起20日之内,在申请人交纳相关费用后,向申请人颁发新的民用航空器国籍登记证,相关文件复印存档;材料不齐全的,应当场或在5个工作日内一次告知申请人需补正的全部内容;对于不符合CCAR-45-R1规定的申请人,应在20日内作出不予办理补发或更换国籍登记证的书面通知,退回其申请书及有关文件,说明理由并告知申请人享有依法申请行政复议或者提起行政诉讼的权利。

(4)因原国籍登记证污损申请更换的,持证人应在领取更换的国籍登记证后的30日内,向民航局航空器适航审定司补交原国籍登记证。

(5)补发或更换民用航空器国籍登记证后,原证作废。

4.5.5　临时登记程序

未取得民用航空器国籍登记证的民用航空器,如欲从事以下活动:

(1)验证试验飞行。

(2)生产试验飞行。

(3)表演飞行。

(4)未交付或者出口的调机飞行。

(5)其他必要的飞行。

应按本程序申请临时登记证:

(1)申请人应如实填写"民用航空器临时登记申请书"[AAC-195(06/2008)]。申请人为法人的,应由其法定代表人或法定代表人授权的人签字并盖申请人印章;申请人为自然人的,应由其本人签字。

(2)申请人在该航空器飞行前向民航局航空器适航审定司提交申请书、申请理由的证明或说明文件,出示申请人合法身份的证明文件及其复印件。

(3)民航局航空器适航审定司在 20 日之内对申请书及有关证明文件进行审核,符合CCAR-45-R1 规定的,在申请人交纳临时登记费后,颁发临时登记证,相关文件复印存档。

(4)临时登记证的有效期由民航局根据其实际飞行活动确定,通常不超过一年。

(5)申请人应当对临时登记的民用航空器按 CCAR-45-R1 的规定在该航空器上标明临时登记标志。

4.5.6　民用航空器国籍登记报告提交程序

(1)民用航空器国籍登记证持有人应当定期向民航局航空器适航审定司提交"民用航空器国籍登记报告"[AAC-252(11/2008)]。每次报告提交的截止日期由航空器适航审定司确定。民用航空器国籍登记报告的提交间隔为 3 年。

(2)民用航空器国籍登记报告应包括以下信息:

1)民用航空器国籍标志和登记标志。

2)民用航空器国籍登记证编号。

3)民用航空器制造人名称。

4)民用航空器型号。

5)民用航空器出厂序号。

6)民用航空器所有人名称及其地址。

7)民用航空器占有人名称及其地址。

8)民用航空器国籍登记证签发人姓名。

9)民用航空器国籍登记证签发日期。

(3)对于在规定日期前未能收到其民用航空器国籍登记报告信息的注册航空器,航空器适航审定司将对其予以公示。公示期满没有异议的,航空器适航审定司将从民用航空器国籍登记簿中去除该航空器。

4.6 民用无人驾驶航空器国籍登记

为保障民用航空活动安全,维护民用航空活动秩序,规范民用无人驾驶航空器国籍登记的管理,进一步促进我国民用无人驾驶航空器产业的发展,在充分总结已有经验的基础上,中国民用航空局制定了《民用无人驾驶航空器国籍登记管理程序》(AP－45－AA－2023－04)。

4.6.1 一般规定

(1)民用无人驾驶航空器国籍登记管理部门。

中国民用航空局(简称"民航局")适航管理部门是民用无人驾驶航空器国籍登记管理部门,负责承办民用无人驾驶航空器国籍登记管理相关工作,包括:民用无人驾驶航空器国籍登记申请的受理、审核和国籍登记证的颁发;民用无人驾驶航空器国籍登记证变更登记和注销登记申请的受理和审核;出具民用无人驾驶航空器未进行国籍登记函件。

(2)民用无人驾驶航空器所有人。

民用无人驾驶航空器的所有人或占有人统称为民用无人驾驶航空器所有人(简称"所有人"),应当依照管理程序的要求进行国籍登记,占有人通常为民用无人驾驶航空器的实际运营人。

(3)国籍登记要求。

1)涉及境外飞行或载人飞行的民用无人驾驶航空器,应当依照本程序的要求申请民用无人驾驶航空器国籍登记,取得中华人民共和国民用无人驾驶航空器国籍。

2)除没有任务载荷的无人驾驶自由气球和气象部门升放的仅用于气象目的的民用无人驾驶自由气球外,无人驾驶自由气球应当依照本程序的要求申请民用无人驾驶航空器国籍登记,取得中华人民共和国民用无人驾驶航空器国籍。

3)民用无人驾驶航空器不得具有双重国籍。未注销外国国籍的民用无人驾驶航空器,不得在中华人民共和国申请国籍登记;未注销中华人民共和国国籍登记和实名登记的民用无人驾驶航空器,不得在外国办理国籍登记。

4)民用无人驾驶航空器完成国籍登记后,应按照本管理程序的要求具备国籍标志和登记标志,然后方可从事境外飞行或载人飞行有关活动。

(4)其他要求。

1)取得国籍登记的民用无人驾驶航空器在飞行时必须携带国籍登记证书并放置于民用无人驾驶航空器内的显著位置以备查验。

2)民用航空器国籍登记证仅证明该民用无人驾驶航空器已在中华人民共和国登记,不得作为民用航空器所有权的证据。

3)民用航空器国籍登记证不得涂改、伪造或转让。

4.6.2　国籍登记

(1)国籍登记申请人资格。

国籍登记证申请人是指符合程序的民用无人驾驶航空器的所有人。

(2)国籍登记流程。

1)除民用无人驾驶自由气球外所涉及的无人驾驶航空器,其所有人在申请国籍登记证前,应先按照相关管理程序的要求完成实名登记。民用无人驾驶自由气球进行国籍登记不要求进行实名登记。

2)国籍登记证申请人应当如实填写民用无人驾驶航空器国籍登记证申请书,申请人为法人的,由国籍登记证申请人的法定代表人签字并盖申请人印章;申请人为自然人的,应由其本人签字。

3)国籍登记证申请人应向民航局提交申请并按程序的要求提交有关证明文件的电子文件。

4)民航局自收到民用无人驾驶航空器国籍登记证申请书申请之日起 5 个工作日内,对申请书及有关证明文件进行审查;经审查,符合程序要求的,颁发民用航空器国籍登记证书,并在中华人民共和国民用无人驾驶航空器国籍登记簿上进行登记。

5)如材料不齐全或者不符合要求,民航局应在 5 个工作日内一次性书面通知申请人需要补正的全部内容;对于不符合国籍登记规定的申请,民航局应在 5 个工作日内给出不予办理国籍登记的书面通知,说明理由并告知申请人享有依法申请行政复议或者提起行政诉讼的权利。

6)民用无人驾驶航空器国籍登记证持证人,应在完成国籍登记后的 5 个工作日内,将民用无人驾驶航空器喷涂方案的工程图(左视图、右视图、俯视图、仰视图)及彩图或彩照提交民航局备案。备案时,申请人应确保喷涂方案符合本程序要求,并作出承诺。民航局将基于申请人的承诺予以备案。

(3)国籍登记所需材料。

1)民用无人驾驶航空器国籍登记证申请书。

2)当国籍登记证申请人为自然人时,提交公民合法身份证明文件和无犯罪记录证明。

3)当国籍登记证申请人为法人时,提交申请单位合法身份证明文件、法定代表人合法身份证明文件和联系人合法身份证明文件,单位合法身份证明文件包括国家机关证明文件、营业执照/社会统一信用证书/法人证书或等效文件等。

4)对于从境外引进的航空器,提交未在境外登记国籍或者已注销境外国籍的证明。

5)进行跨境飞行的说明文件。

6)作为取得民用无人驾驶航空器所有权证明的购买合同(合同中商业秘密条款除外)和交接文书,或者作为占有民用无人驾驶航空器证明的租赁合同(合同中商业秘密条款除外)和交接文书。

7)实名登记证明文件,包括实名登记号码和实名登记二维码。

(4)变更登记。

已取得中华人民共和国国籍的民用无人驾驶航空器,遇有下述情形之一的,其所有人应当按照要求申请办理国籍登记变更：

1）民用无人驾驶航空器所有人或占有人发生变更。

2）民用无人驾驶航空器所有人名称或者占有人名称发生变更。

3）民用无人驾驶航空器所有人地址或者占有人地址发生变更。

4）民航局规定需要办理变更登记的其他情形。

变更登记流程：

1）国籍登记变更申请人如实填写"民用航空器国籍登记变更申请书"。申请人为法人的，应由其法定代表人签字并盖申请人印章；申请人为自然人的，应由其本人签字。

2）国籍登记变更申请人应向民航局提交国籍登记变更申请，并按照程序要求提交有关证明文件，并交回原民用无人驾驶航空器国籍登记证。

3）民航局自收到"民用无人驾驶航空器国籍登记变更申请书"申请之日起5个工作日内，对申请书及有关证明文件进行审查后，对于符合本程序规定的申请人，颁发变更后的民用无人驾驶航空器国籍登记证，并更新民用无人驾驶航空器国籍登记簿。

4）对于申请材料不齐全的，应在5个工作日内一次性书面通知申请人需要补齐的全部内容；对于不符合国籍变更登记规定的申请，民航局应在5个工作日内给出不予办理国籍变更登记的书面通知，说明理由并告知申请人享有依法申请行政复议或者提起行政诉讼的权利。

（5）国籍登记证补发或更换。

1）民用无人驾驶航空器国籍登记证遗失或污损的，持证人应当按照程序要求向民航局申请补发或者更换民用航空器国籍登记证书，并提交有关说明材料。

2）民航局自收到申请之日起5个工作日内，对申请书及有关材料进行审查；经审查，符合本程序的，即补发或者更换民用航空器国籍登记证书。

3）补发或更换民用航空器国籍登记证后，原证作废。

（6）注销登记。

已取得民用航空器国籍登记证的民用无人驾驶航空器，当不再涉及境外飞行或载人飞行时，国籍登记证持有人应当及时向民航局申请办理注销登记。

（7）未登记函件。

1）民用无人驾驶航空器出口时，应所有人的要求，民航局可为其出具民用无人驾驶航空器未进行国籍登记函件。

2）申请人向民航局提交未进行国籍登记函件申请时，应提供申请人名称、民用无人驾驶航空器制造人、民用无人驾驶航空器型号、出厂序号等。

3）申请材料不齐全的，民航局应在5个工作日内一次性通知申请人需要补正的全部内容。申请材料齐全或者申请人按照通知提交全部补正材料的，民航局核实航空器确实未在中国国籍登记后出具民用无人驾驶航空器未登记函件。

（8）国籍登记有效期。

民用航空器国籍登记证书的有效期自颁发之日起至变更登记或注销登记之日止。

（9）国籍登记簿。

1）民航局将民用无人驾驶航空器国籍登记事项记载入中华人民共和国民用无人驾驶航

空器国籍登记簿。国籍登记簿中包括如下信息：

　　a)民用无人驾驶航空器的国籍登记标志。

　　b)民用无人驾驶航空器制造人名称。

　　c)民用无人驾驶航空器型号。

　　d)民用无人驾驶航空器出厂序号。

　　e)民用无人驾驶航空器所有人名称及其地址。

　　f)民用无人驾驶航空器占有人名称及其地址。

　　g)民用无人驾驶航空器登记日期。

　　h)民用航空器国籍登记证签发人姓名。

　　i)变更登记日期。

　　j)注销登记日期。

　　2)国籍登记簿应在安全、防火场所保存。若登记簿为电子版,应采取安全措施和备份等方式加以保护。

　　3)民用无人驾驶自由气球的登记簿应包含气球释放的日期、时间和地点、气球的种类和升放者的姓名。

4.7　租赁进口航空器的登记

4.7.1　干租航空器的登记

　　(1)在航空器所有人(出租人)所在国家登记注册。

　　(2)在航空器使用人(承租人)所在国家登记,这是另一种选择,也是最好的一种选择。航空器在经营国登记,受该国适航部门管辖,关系比较顺,也易于控制其适航性,从而有利于保障航空安全。目前,我国绝大多数租赁的航空器都在中国登记,具有中国国籍和登记标志。

　　进口使用过的航空器,国籍转移前,须进行适航检查,符合新登记国的适航要求后,才准予登记。中国民用航空局适航部门也有这方面的具体规定。

4.7.2　湿租航空器的登记

　　湿租指带机组的租赁。

　　(1)通常,湿租航空器在其所有人(出租人)所在国家登记,具有该国国籍和登记标志,登记国应履行其职责和义务。但实际上有困难,所以湿租对运行安全是不利的。

　　(2)登记国对租机的职责和义务的转移,即由登记国转移到经营国的问题,将在《国际民用航空公约》第八十三条分条中确认(已征求缔约国的意见):登记国的职责和义务可以转移到经营国,但需双方当局签订协议。职责和义务转移后即解除了登记国的职责和义务。

　　(3)中国营运人湿租航空器从事商业运输,按《湿租外国民用航空器从事商业运输的暂行规定》中国民用航空局令第 30 号管理。

4.8 国籍标志和登记标志的绘制

4.8.1 挂旗公司

挂旗公司是被国家指定的航空器外部绘制国旗的航空公司。经国务院批准,我国指定中国国际航空公司航空器上可绘制中华人民共和国国旗,位于机身前部两侧。其他公司的航空器上均不得绘制国旗。

4.8.2 国籍标志和登记标志绘制的位置、字体及尺寸

在《中国民用航空规章》第 45 部中对轻于空气的航空器(如自由气球等)及重于空气的航空器标志的绘制有具体规定。下面主要叙述重于空气的固定翼航空器标志的绘制。

(1)位置。

1)机翼、尾翼之间机身的两侧。

2)右机翼上表面,左机翼下表面。

(2)字体。

正体大写,字母和阿拉伯数字不加装饰。

(3)尺寸。

1)机翼上每个字高不得小于 50 cm。

2)机身上每个字高不得小于 30 cm。

3)字的宽度(1 和 I 除外)应为字高的 2/3,笔画宽度为字高的 1/6,每两个字的间隔宽度不小于字宽的 1/4。

4)特殊情况下(如面积所限)缩小尺寸,须经登记机构同意。

4.8.3 绘制要求

(1)绘制的标志应永久性地附着在航空器表面。

(2)每个字用实线构成,其颜色与背底颜色呈鲜明对照。

(3)不能有混淆国籍标志和登记标志的图案、标记或符号。

(4)公司标志绘制在尾翼(垂尾)上。

4.9 监督与处罚

中国民用航空局及其派出机构将定期或不定期地对各民用航空器进行检查,有下列情况之一的,被中国民用航空局及其派出机构检查发现或公众举报查实的,将进行必要的处罚:

(1)没有航空器登记证或用其复印件飞行的。

(2)变造航空器登记证的。

(3)登记证破损,且不及时申请更换的。

(4)登记证不放在航空器内显著位置的。

(5)国籍和登记标志不按规定绘制的。

(6)应当办理变更登记或注销登记而没有办理的。

第5章 型号合格审定

根据 2021 年 4 月 29 日第十三届全国人民代表大会常务委员会第二十八次会议修改《中华人民共和国民用航空法》第三十四条,设计民用航空器及其发动机、螺旋桨和民用航空器上设备,应当向国务院民用航空主管部门申请领取型号合格证书。经审查合格的,发给型号合格证书;第三十六条 外国制造人生产的任何型号的民用航空器及其发动机、螺旋桨和民用航空器上设备,首次进口中国的,该外国制造人应当向国务院民用航空主管部门申请领取型号认可证书。经审查合格的,发给型号认可证书。已取得外国颁发的型号合格证书的民用航空器及其发动机、螺旋桨和民用航空器上设备,首次在中国境内生产的,该型号合格证书的持有人应当向国务院民用航空主管部门申请领取型号认可证书。经审查合格的,发给型号认可证书。因此,民用航空器及其发动机、螺旋桨和民用航空器上的设备须经型号合格审定,获取型号合格证书或型号认可证书。

为保障民用航空产品和零部件的适航性,根据《中华人民共和国民用航空法》《中华人民共和国行政许可法》和《中华人民共和国民用航空器适航管理条例》,中华人民共和国交通运输部于 2017 年 7 月 1 日起实施《民用航空产品和零部件合格审定规定》。

为了进一步指导和规范民用航空产品型号合格审定活动,依据《民用航空产品和零部件合格审定规定》(CCAR - 21)制定了《型号合格审定程序》(AP - 21 - AA - 2022 - 11)、《民用无人驾驶航空器系统适航审定管理程序》(AP - 21 - AA - 2022 - 71)、《甚轻型飞机的型号合格审定》(AC - 21 - AA - 2009 - 05R1)、《飞艇的型号合格审定》(AC - 21 - AA - 2009 - 09R1)。

本章分别就有人驾驶航空器型号合格审定、民用无人驾驶航空器系统适航管理程序做简要介绍,进一步的详细内容,建议读者参考这两份文件及关联文件的原文。

5.1 有人驾驶航空器型号合格审定

5.1.1 定义

(1)型号合格审定:型号合格审定(Type Certification,TC)是中国民用航空局(CAAC)对民用航空产品(指民用航空器、航空发动机或者螺旋桨)进行设计批准的过程(包括颁发型号合格证及对型号设计更改的批准)。

(2)型号合格证:型号合格证(Type Certificate,TC)是中国民用航空局(CAAC)根据

《民用航空产品和零部件合格审定规定》(CCAR - 21)颁发的、用以证明民用航空产品符合相应适航规章和环境保护要求的证件。型号合格证包括以下内容:型号设计、使用限制、数据单、有关适航要求和环境保护要求,以及对民用航空产品规定的其他条件或限制。

(3)型号合格证数据单:型号合格证数据单(TC Data Sheet,TCDS)是型号合格证的一部分,用于记录为满足审定适航要求所必需的条件和限制。

(4)型号合格审定基础:型号合格审定基础(Type Certification Basis,TCB)是对某一民用航空产品进行型号合格审定所依据的标准。型号合格审定基础包括适用的适航规章、环境保护要求及专用条件、豁免和等效安全水平结论。

(5)专用条件:专用条件(Special Condition,SC)是根据《民用航空产品和零部件合格审定规定》(CCAR - 21)的规定,针对提交进行型号合格审定的民用航空产品,下述原因之一使得有关的适航规章没有包括适当的或足够的安全要求,由中国民用航空局(CAAC)制定并颁发补充安全要求:

1)民用航空产品具有新颖或独特的设计特点。

2)民用航空产品的预期用途是非常规的。

3)从使用中的类似民用航空产品或具有类似设计特点的民用航空产品得到的经验表明可能产生不安全状况。

专用条件应具有与适用的适航规章等效的安全水平。专用条件的颁发程序按《颁发专用条件和批准豁免的程序》(AP - 21 - 21)执行。

(6)问题纪要:问题纪要(Issue Paper,IP)是用来确认和解决型号合格审定过程中发生的有关技术、规章和管理的重要或有争议问题的一种手段,也是用来记录问题处理进展情况的手段,并且是证后对问题处理情况进行总结的基础。

(7)问题纪要汇编:问题纪要汇编(Issues Book,IB)是将所有的问题纪要汇编成册并进行动态管理的汇总性文件。在型号合格审定过程中,型号合格审定审查组组长收集当时情况下的所有问题纪要并汇编成册,供型号合格审定委员会(TCB)、型号合格审定审查组和申请人使用。同时,问题纪要汇编可作为今后其他型号合格审定的参考。

(8)符合性声明:符合性声明是根据《民用航空产品和零部件合格审定规定》(CCAR - 21 - R4)第 21.20 条(二)款的要求,申请人用于向局方表明申请人已按经批准的审定计划完成了所有的符合性验证工作,其结果证明民用航空产品符合所有适用要求的书面声明。

(9)试验产品:试验产品(Test Product,TP)是指型号合格审定中用于各种验证试验的试验件、原型机及其零部件。

(10)制造符合性检查请求单,另一依据文件为型号检查核准书(Type Inspection Authorization,TIA)。

(11)制造符合性声明:制造符合性声明(Statement of Conformity)是按《民用航空产品和零部件合格审定规定》(CCAR - 21 - R4)第 21.33 条和第 21.53 条的要求,申请人对试验产品或试验装置进行制造符合性检查、认为试验产品或试验装置满足设计要求、在提交型号合格审定审查组进行验证试验时和型号合格审定审查组进行制造符合性检查前向型号合格审定审查组提交的书面声明。制造符合性声明是申请人用以表明并保证试验产品或试验装置符合型号资料并处于安全可用状态的文件。

(12)制造符合性检查记录:制造符合性检查记录(Conformity Inspection Record)是制造符合性检查代表和委任制造检查代表用以记录试验产品和试验装置制造符合性检查结果的表格之一。

(13)批准放行证书/适航批准标签:批准放行证书/适航批准标签(Authorized Release Certificate/Airworthiness Approval Tag)是制造符合性检查代表或委任制造检查代表签发的、用于证实试验产品已经过制造符合性检查,符合型号资料的标签。

(14)型号检查核准书:型号检查核准书(Type Inspection Authorization,TIA)是型号合格审定审查组组长签发的、授权审查代表(含委任代表)进行为满足型号合格审定要求所必需的局方制造符合性检查、适航检查、地面和飞行试验的文件。型号检查核准书(TIA)中明确了检查以及审定飞行试验的具体要求。对结构试验和工艺试验的检查不使用型号检查核准书(TIA),而是使用制造符合性检查请求单。

(15)授权函:授权函(Letter of Authorization,LOA)是由审查组签发的文件,用于批准局方人员进行除审定飞行试验以外的飞行,如申请人研制飞行试验的早期介入。签发 LOA 需要进行风险评估。

(16)型号检查报告:型号检查报告(Type Inspection Report,TIR)是按 TIA 授权进行的检查及地面和飞行试验的记录,用以确认对相关规章要求(CCAR – 21 部第 21.33 条和第 21.35 条)的符合性。TIR 由制造检查和试飞人员完成。对于颁发了 TIA 的审定项目,TIR 还记录试验件标识信息和局方审定活动的其他适用信息。

(17)符合性检查清单:符合性检查清单(Compliance Check List)是根据《民用航空产品和零部件合格审定规定》第 21.20 条(一)款的要求,申请人按审定基础确定的规章条款逐条列出表明条款符合性的符合性方法、相关型号资料及其批准情况的汇总性文件,用于记录和检查型号合格审定项目的完成情况。

(18)设计保证系统:设计保证系统(Design Assurance System)指按照 CCAR – 21 要求,设计批准申请人或持证人建立的、使得其具备所要求的设计职能、适航职能和独立监督职能的体系。

(19)等效安全水平:等效安全水平(Equivalent Level of Safety)是指虽不能表明符合条款的字面要求,但存在补偿措施并可达到等效的安全水平。

(20)豁免:豁免是根据《民用航空产品和零部件合格审定规定》(CCAR – 21 – R4)第 21.3 条的规定,民航局同意受适航规章和环境保护要求中有关条款约束的人暂时或永久不用表明对某些条款符合性的批准。

(21)审定计划:审定计划(Certification Plan,CP)是申请人用来表明产品符合相关规章的预期方式。

(22)审定项目计划:审定项目计划(Certification Project Plan,CPP)是局方内部的项目计划,用于协调局方内部的人力资源、人员责任和进度。

(23)安全保障合作计划:安全保障合作计划(Partnership for Safety Plan,PSP)是局方和申请人之间的书面"顶层"协议,它规定用以规划产品合格审定、建立一般期望或操作规范并确定可交付成果的通用程序。PSP 还规定了用于规划和管理合格审定项目的通用纪律和方法。PSP 的签署不是强制要求,由局方和申请人根据需要协商决定。

(24)专项合格审定计划:专项合格审定计划(Project Specific Certification Plan,PSCP)是民用航空产品项目级的合格审定计划,包括申请人的审定计划(Certification Plan,CP)信息、审查组的必要信息和审查项目特有信息。

(25)型号设计资料:根据《民用航空产品和零部件合格审定规定》(CCAR - 21 - R4)第21.31 条规定,型号设计(Type Design)包括:

1)定义民用航空产品构型和设计特征符合有关适航规章和环境保护要求所需的图纸、技术规范及其清单。

2)确定民用航空产品结构强度所需要的尺寸、材料和工艺资料。

3)适航规章中规定的持续适航文件中的适航性限制部分。

4)通过对比法来确定同一型号后续民用航空产品的适航性和适用的环境保护所必需的其他资料。

以上型号设计包括的资料称为型号设计资料。

(26)符合性验证资料:符合性验证资料(Substantiation Data)是用于证明或标明型号设计符合审定基础的资料,包含试验大纲、计算或分析报告、试验报告等。

(27)型号资料:型号资料(Type Data)是型号设计资料与符合性验证资料的统称。

(28)型号资料评审表:型号资料评审表(Type Data Review Form)是审查代表和委任代表填写的、用于记录型号资料审查过程以及将型号资料审查意见向申请人反馈的表格。

(29)型号资料批准表:型号资料批准表(Type Data Approval Form)是审查代表和委任代表填写的、用于证实型号资料已经过审查、符合要求并予以批准的表格。

5.1.2　审定流程

(1)型号合格审定阶段划分。

型号合格审定项目,从申请到颁证,审定过程包括以下 5 个阶段:

阶段一:项目受理和启动。

阶段二:要求确定。

阶段三:符合性计划制订。

阶段四:符合性确认。

阶段五:颁证。

对于小的项目,以上这些阶段可能被压缩或合并。如果从航空产品的生命周期来进行阶段划分,以上审定阶段还应加上颁证之后的证后管理阶段。

(2)申请。

正常类、实用类、特技类、通勤类和运输类飞机,正常类和运输类旋翼航空器,航空发动机及螺旋桨型号合格证的申请,应向民航局提交。其他民用航空产品,如载人自由气球、特殊类别航空器、初级类航空器、限用类航空器和轻型运动类航空器型号合格证的申请,应向申请人所在地区管理局提交。

(3)受理。

民航局/地区管理局在收到申请人所提交的申请书后的 5 个工作日内,完成对申请资料的评审。对于申请材料不齐全或者不符合格式要求的,一次性书面通知申请人需要补正的全部内容。申请材料齐全或者申请人按照局方的通知提交全部补正材料的,民航局/地区管理局将受理申请,并书面通知申请人。对于民航局受理的项目,受理通知书将抄送被委托审查单位。不予受理的,将以书面形式说明理由。

对于民航局受理的项目,民航局适航管理部门将指定项目联系人,负责协调民航局对项目的业务指导和监督检查工作。

申请人应当按照受理通知书的要求,缴纳相关审查费用。

(4)一般熟悉性介绍。

在申请人缴纳相关审查费用后,根据项目复杂程度,被委托审查单位/地区管理局可联系申请人,听取申请人有关项目的一般熟悉性介绍。介绍内容应包括产品的总体情况、主要的设计或设计更改、特殊的产品特性和项目进度计划等。其目的是让被委托审查单位/地区管理局熟悉该产品设计和项目,以便初步评估局方直接审查的范围和深度并确定审查人员的配置。被委托审查单位/地区管理局相关领导和相关专业负责人参加会议。

对于一些设计简单、申请材料已足够详细或局方已足够熟悉的项目,可不要求一般熟悉性介绍。

局方和申请人可根据需要,按要求准备安全保障合作计划(Partner for Safety Plan,PSP)草案并签署。

(5)组建型号合格审定委员会。

型号合格审定委员会(Type Certification Board,TCB)是相关型号合格审定项目的管理团队,负责监督管理项目审查工作,协调解决审查中的重大问题,由被委托审查单位/地区管理局负责成立。

(6)组建审查组。

审查组(Type Certification Team,TCT)是型号合格审定项目的审查团队,代表局方负责项目的具体审查工作,由被委托审查单位/地区管理局负责组建。每个项目都应成立审查组,其组成将综合考虑项目的设计特点、进度安排和申请人的经验、能力等因素。

(7)召开首次 TCB 会议。

召开首次 TCB 会议的目的是考虑工程设计、飞行试验、制造、维修和运行各方面的要求,对型号审查综合规划工作进行评审。

(8)确定审定基础。

审定基础明确规定型号合格证颁发前申请人必须表明符合性的具体民用航空规章及其版次,应尽早确定。审定基础包括针对该类别航空产品的适用适航标准,以及民用航空规章中的适用航空器噪声、燃油排泄和排气排出物等环境保护要求。在双方对被审定产品或设计更改的设计特性理解一致的基础上,根据申请人的建议,审查组制定审定基础,并与申请人达成一致意见。

对于首次 TC 申请,适用的适航规章和环境保护要求为申请之日有效的版次。对于设计更改,按照《航空产品设计更改审定基础的确定程序》(AP-21-36)确定适航标准的版次。《民用航空产品和零部件合格审定规定》(CCAR-21-R4)第21.17条(一)款1项规定,产品应满足适用的适航规章和环境保护要求,除非民航局另有特别规定。这使得民航局可通过等效安全水平结论或豁免等方式对具体项目的审定基础进行调整。此外,产品还应满足民航局制定的专用条件。

在适航规章或环境保护要求被修订后,申请人可能选择自愿符合此新修订版本的适航标准或环境保护要求;当不能完全按原文表明对适航规章的符合性,但已表明设计上的补偿措施已提供等效于适航标准确定的安全水平时,局方给出等效安全水平结论;受适航规章和环境保护要求中有关条款约束的人,可以因技术原因向民航局申请暂时或永久豁免某些条款。

5.1.3　审定计划的审查

1. 审定计划的要求

申请人应提交建议的审定计划(Certification Plan,CP)。审定计划应包括以下内容:

(1)项目及预期运行类别的说明。

(2)建议的审定基础,包括建议的适航规章和环境保护要求、专用条件、等效安全水平结论和豁免。

(3)如何表明符合性的说明,包括建议的符合性方法。符合性方法的说明应足够详细,可以用来确定所有必要数据都将被收集并且符合性可被表明。

(4)针对该项目型号审定基础上各个条款的符合性检查单,符合性检查单应含有所使用的符合性方法和相应的符合性文件。

(5)申请人负责相关条款符合性工作和与审查组对接的人员,除非用其他方式另行指定。

(6)重大里程碑计划的项目进度计划。

根据拟申请项目的复杂程度和需要,审定计划可拆分为项目级和系统级或专业/专题级。

当在项目起始阶段尚不具备所需要的信息时,审定计划可以逐步制订。对于简单项目,建议的审定计划可随申请书一起提交。

对于申请人和审查组均同意采用专项合格审定计划(Project Specific Certification Plan,PSCP)方式进行管理的项目,审查组按组内分工审查申请人的审定计划(CP)草案,结合审查组的审定项目计划(Certification Project Plan,CPP),和申请人一起编制专项合格审定计划(PSCP)草案。专项合格审定计划(PSCP)是一份动态文件,将随着项目的进展而细化和完善。

2. 符合性方法

在型号合格审查过程中,为了获得所需的证据资料以表明适航条款的符合性,申请人通常需要采用不同的方法,而这些方法统称为符合性验证方法(简称符合性方法)。为了统一审查双方的认识,以便信息交流,在整理以前的审查经验和借鉴国外的管理成果的基础上,将符合性方法汇总为下述10种,见表5-1。审查中根据适航条款的具体要求选取其中的一种或多种组合的方式来满足条款的要求。另外,为了便于编制审定计划和文件,对每种符合性方法赋予相应的代码。

符合性方法的代码、名称、使用说明和相关符合性文件见表5-1。

表 5 – 1 符合性方法

符合性类型	符合性方法	使用说明	相关符合性文件
工程评估	MC0:符合性说明;引用型号设计文件;选择方法、系数等;定义	通常在符合性记录文件中直接给出	型号设计文件;记录的声明
	MC1:设计评审	如技术说明,安装图纸,计算方法,技术方案,航空器,飞行手册……	说明;图纸
	MC2:分析/计算	如载荷、静强度和疲劳强度、性能、统计数据分析,与以往型号的相似性……	分析/计算验证报告
	MC3:安全评估	如功能危险性评估(Function Harzard Assessment,FHA)、系统安全性分析(System Safety Analysis,SSA)等用于规定安全目标和表明已经达到这些安全目标的文件	安全分析
试验	MC4:实验室试验	如静力和疲劳试验,环境试验……试验可能在零部件、分组件和完整组件上进行	试验大纲;试验报告;试验分析
	MC5:相关产品上的地面试验	如旋翼和减速器的耐久性试验,环境等试验	
	MC6:飞行试验	规章明确要求时,或用其他方法无法完全表明符合性时采用	
	MC8:模拟器试验	如评估潜在危险的失效情况、驾驶舱评估……	
检查	MC7:工程符合性检查	如系统的隔离检查、维修规定的检查……	检查报告
设备鉴定	MC9:设备鉴定	设备的鉴定是一种过程,它可能包含上述所有的符合性方法	

上述符合性方法及其说明供审查时参照,可根据具体型号合格审定项目的需要进行必要的注释,如申请人有更为明确、完整的符合性方法的定义和说明,亦可作为符合性审定计划的一部分,附在该计划中。

5.1.4 确定局方审查重点和方式方法

在验证申请人符合性表明工作时,确定审查组的直接审查范围和深度是审定项目的关键要素。为了高效利用局方审查资源,合理地将审查资源集中在对审定基础可能不符合的高风险事项上,审查组应采用基于风险的原则确定直接审查范围和深度。对于审查组不进行验证的符合性表明工作,将信任申请人的工作,无须一步评审就接受符合性表明。不管审查组是否实际进行验证,申请人对其所进行的符合性表明工作完全负责。

5.1.5　制订制造符合性检查计划

局方制造符合性检查工作是对申请人制造符合性检查工作的确认。作为型号审定过程中的一部分,工程审查代表应当确定审查所需的制造符合性检查的最低水平。在检查过程中,制造符合性检查代表将基于申请人制造符合性检查记录质量、检查结果的对比以及检查工作的重要性和复杂性等因素确定其检查的深度。

5.1.6　完成审定计划或专项合格审定计划

审定计划(CP)或专项合格审定计划(PSCP)所要求的内容明确后,应形成完整的审定计划(CP)或专项合格审定计划(PSCP)。审查组应能从审定计划(CP)或专项合格审定计划(PSCP)提供的信息中得出结论,如果该计划被成功执行,其结果将能表明符合性。审查组进行制造符合性请求、批准试验大纲、目击验证试验或进行任何其他审查活动前,应确认相应审定计划(CP)或专项合格审定计划(PSCP)已被批准、签署或是可接受的。这样做的目的是确保审查组与申请人将在对审定资料有相同的基本理解的基础上开展工作。

5.1.7　符合性验证和确认

申请人应按照审查组批准的审定计划或专项合格审定计划表明对审定基础的符合性。审查组根据确定的直接审查范围和深度开展符合性确认工作,验证设计对相关要求的符合性。这包括工程验证试验、工程符合性检查、分析、申请人的飞行试验、申请人提交符合性验证资料、申请人的飞行试验数据和报告、申请人提交符合性报告、审查型号资料、审查申请人的飞行试验结果、审定飞行试验风险管理、签发型号核查核准书(TIA)、审定飞行试验的制造符合性检查、审定飞行试验、运行及维修的评估、审批持续适航文件、功能和可靠性飞行试验、审批航空器飞行手册。

5.1.8　设计保证系统的要求和审查

运输类飞机或运输类旋翼航空器型号合格证申请人,以及自愿建立符合《民用航空产品和零部件合格审定的规定》(CCAR - 21 - R4)第十四章要求的设计保证系统的申请人,应建立适当的设计机构,表明该设计机构已经建立并能保持一个有效的设计保证系统,对申请范围内的民用航空产品的设计、设计更改进行控制和监督。

5.1.9　设计保证系统的审查

(1)设计保证系统专题审查组组成与职责。

当成立型号合格审定项目审查组(Type Certificate Team,TCT)时,下设设计保证系统专题审查组。由设计保证系统专题审查组负责对型号合格证申请人的设计保证系统进行审查。

当申请人同时拥有数个不同的项目时,可由被委托审查单位/地区管理局负责组建其中某一项目组建设计保证系统专题审查组,负责对此申请人的设计保证系统进行审查,专题审查组组长负责与此申请人其他审查项目的沟通联络工作。

（2）设计保证系统审查活动实施。

在型号合格审定过程中，设计保证系统专题审查组应持续开展设计保证系统的审查活动。审查计划应全面覆盖申请人设计保证系统的设计保证手册及其支持程序、组织机构设置与岗位职责以及各类资源配置。

（3）设计保证系统审查方式。

设计保证系统审查包括文件评审、现场评审和面谈3种审查方式，文件评审和现场评审将持续贯穿整个审查阶段。这3种审查方式可以相互交叉实施。

（4）审查发现问题。

当有证据表明申请人不符合CAAC对申请人的设计保证系统要求时，设计保证系统专题审查组将以型号合格审定信函的方式通知申请人进行整改。发现问题将按以下分类：

1）一类问题：已存在对CCAR-21适用要求的不符合项，该不符合项可能是不可控的并可能影响航空产品的安全性。

2）二类问题：除一类不符合项之外的任何不符合项。

3）三类问题：有证据表明有可能产生一类和二类问题的潜在问题。

（5）纠正措施。

对于审查发现的一类问题，设计保证系统专题审查组可通过审查组提出建议，由被委托审查单位/地区管理局决定部分或全部暂停对设计保证系统的审查及型号合格审定工作，或者撤销其已经获取的相关权利。

对于审查发现的二类问题，当申请人未按期完成整改工作并报告设计保证系统专题审查组，或者未向设计保证系统专题审查组申请整改工作延期完成时，设计保证系统专题审查组可通过审查组提出建议，由被委托审查单位/地区管理局决定部分或全部暂停设计保证系统的审查活动及型号合格审定工作，或者撤销其已经获取的相关权利。

设计保证系统专题审查组应当对申请人纠正措施的实施情况进行验证，并予以记录。

（6）设计保证系统审查结论。

在完成所有计划的审查活动后，设计保证系统专题审查组应给出审查结论。当确定申请人满足设计保证系统要求时，将以批准设计保证手册的形式，认可申请人的设计保证系统。审查结论中应包含建议给予申请人的权利和限制。

运输类飞机或运输类旋翼航空器型号合格证申请人只有在建立符合规章要求的设计保证系统后，才可能获得相关型号合格证。对于自愿建立设计保证系统的其他申请人，是否建立符合规章要求的设计保证系统不影响其获得相关型号合格证。

（7）批准设计保证手册。

设计保证手册应当首先在申请人内部获得批准。设计保证系统专题审查组长以审定信函的形式批准设计保证手册。设计保证系统专题审查组长应将批准设计保证手册的信息，报告型号合格审定审查组。

（8）设计保证系统的权利。

被委托审查单位/地区管理局应以审定信函的形式将申请人所获得的权利通知申请人，并附设计保证系统能力清单。

申请人应将获得的"设计保证系统能力清单",展示在其设计保证手册中。申请人应在相关权利的变更时调整手册的相关内容。

申请人的设计保证系统获得局方认可后,相关设计机构根据其设计保证系统的能力清单和设计保证系统的相关程序,享有确认设计更改是大改或者小改的分类,按照 CCAR-21 部第 21.95 条批准设计小改和按照 CCAR-21 部第 21.433 条批准修理方案的权利。

局方在确定审查活动的直接审查范围和深度时,申请人设计保证系统的能力也将作为进行判断的依据。在局方选择不直接审查的领域,当持证人依据其设计保证系统作出符合性判断时,局方将直接接受其结论。

5.1.10　最终 TCB 会议

审查组应在最终 TCB 会议召开前完成相应的准备工作。根据审查组的请求,确认申请人已经表明了对审定基础上的所有条款的符合性以后,TCB 可以召开最终会议。最终 TCB 会议要完成以下工作:

(1)审核审查组提交的审查报告,重点关注所有问题纪要的处理状态和航空器飞行手册、持续适航文件的处理状态、设计保证系统的审查结论以及型号合格证数据单草案的正确性。

(2)给出是否建议颁证的结论。TCB 会议在审查组审查结论的基础上,给出是否颁发型号合格证的建议。

5.1.11　型号合格证的颁发

审查工作结束后,对于民航局受理项目,被委托审查单位将向民航局适航管理部门提交建议报告,并附上审查组的审查报告;对于地区管理局负责项目,审查组将向地区管理局提交建议报告,包括审查报告。民航局适航管理部门/地区管理局将对建议报告进行审核,并在 20 个工作日内作出是否颁发型号合格证的决定。对于同意颁证的,将向申请人颁发相关型号合格证,并通知被委托审查单位(如适用);对于决定不颁发型号合格证的项目,将以书面材料形式通知申请人并说明理由,并通知被委托审查单位(如适用)。

每个型号合格证包括型号设计、使用限制、型号合格证数据(Type Certificate Date Sheet,TCDS)、局方审查确认已符合的适用的规章,以及针对该产品规定的任何其他条件或限制。型号设计包括图纸、规范和用来定义该产品的尺寸、材料和工艺资料。TCDS 记录了用来满足审定基础的适航要求所必需的条件和限制。

5.1.12　完成型号合格审定总结报告

对于型号合格审定项目,应在型号合格证颁发后 3 个月内完成型号合格审定总结报告。

型号合格审定总结报告是对整个型号合格审定工作的总结,其内容应当体现出项目的复杂程度和重要性,包括对重大问题及其解决情况的说明。型号合格审定总结报告由型号审查组组长在型号审查报告内容的基础上编制。

该报告作为保存从审定项目中所获取经验和教训的工具,供将来同样或类似型号设计合格审定项目借鉴。此外,对于非同步进行的型号认可审定项目,该报告有助于让外国适航当局了解该项目在型号合格审定期间审查组所关注的问题。

5.1.13 完成型号合格审定总结报告

(1)概述。型号检查报告(Type Inspection Report,TIR)包括两部分:第Ⅰ部分——地面检查,第Ⅱ部分——飞行试验。

(2)地面检查。TIR第Ⅰ部分"地面检查"由制造符合性检查代表填写。型号检查报告(TIR)是一种工具,用于记录和报告产品构型以及在型号检查期间由制造符合性检查代表或委任代表在检查活动中发现的所有重大不满意项目。

(3)飞行试验。TIR第Ⅱ部分由飞行试验方面的审查代表、其他专业审查代表或委任工程代表编写,格式按照局方要求的格式。现场批准的表格、叙述性的报告或摘自适用的飞行试验指南的相关页都可以接受,只要TIA的所有项目都能被涵盖。

(4)TIR的完成。每一份TIR文件包都要有在颁发型号合格证后3个月内完成报告的编写说明。

5.1.14 证后管理

(1)证后管理部门。对于民航局受理项目,民航局在颁发型号合格证后,被委托审查单位将完成项目的型号合格审定收尾工作,并作为该项目证后管理部门开展证后管理工作。

对于地区管理局负责的项目,该地区管理局为该项目的证后管理部门。

(2)项目工程师。项目工程师(Project Engineer,PE)是证后管理部门指定的,对获得型号合格证后的民用航空产品设计状态变更和制造过程中出现的设计构型偏离进行日常管理和监控的人员。

(3)持续适航。持续适航是指直至产品生命周期结束,使产品始终保持在合格审定(或经批准的设计更改)时所确定的安全水平,适用于产品的设计、制造及运行、维修、改装和修理等过程。

证后管理部门通过识别和评估在产品制造和使用过程中出现的工程问题和使用困难等安全性问题,制定和实施纠正措施(包括型号设计更改的控制与管理、航空器适航指令的编制与管理、监督检查),监督型号合格证持有人保持批准产品、零部件或设备的安全性。

(4)设计保证系统持续监督。申请人获得型号合格证后,被委托审查单位/地区管理局将指定设计保证系统主管审查员对已经得到局方认可的设计保证系统进行持续的监督。

5.2 民用无人驾驶航空器系统适航审定管理程序

5.2.1 第Ⅰ部分

1. 一般原则

(1)用于载人飞行、进行融合飞行或在人口密集区域上方飞行的中型和大型民用无人驾驶航空器系统,属于《民用无人驾驶航空器系统适航审定分级分类和系统安全性分析指南》(AC-21-40)中危害严重性Ⅰ级的或载客19人以上的,按运输类民用无人驾驶航空器系统进行型号合格审定;属于《民用无人驾驶航空器系统适航审定分级分类和系统安全性分析指南》(AC-21-40)中危害严重性Ⅱ~Ⅳ级的,按正常类民用无人驾驶航空器系统进行型号合格审定。正常类、运输类民用无人驾驶航空器系统通过取得型号合格证及其更改和补充型号合格证获得设计批准,通过取得生产许可证获得生产批准,通过取得无人驾驶航空器标准适航证获得适航批准。

(2)不用于载人飞行、不进行融合飞行且不在人口密集区域上方飞行的中型和大型民用无人驾驶航空器系统,可按现类民用无人驾驶航空器系统进行型号合格审定,通过取得型号合格证及其更改和补充型号合格证获得设计批准,通过取得生产许可证获得生产批准,通过取得民用无人驾驶航空器特殊适航证获得适航批准。在现用类民用无人驾驶航空器系统的型号合格审定过程中,局方将充分考虑其运行场景,结合对运行风险的识别情况,对已颁布的适航标准进行适用性评估,同时增加针对民用无人驾驶航空器系统特有的遥控台(站)、控制链路等方面的要求,并以专用条件形式确定适用要求,作为型号合格审定基础。限用类民用无人驾驶航空器只能获得特殊适航证,并且应当在局方规定的限制条件下飞行。

(3)对于满足以下要求的中型农用民用无人驾驶航空器系统,可按本条(2)款的要求获得设计批准、生产批准和适航批准。鉴于此类无人驾驶航空器系统风险较低,在设计批准审查过程中,局方原则上只进行设计保证系统审查,并且直接接受申请人在局方授权下依托设计保证系统开展的产品型号合格审定结论。对于此类无人驾驶航空器系统,也仅通过表明符合特定试飞要求取得民用无人驾驶航空器特许飞行证,获得适航批准。

1)最大起飞质量不超过 150 kg。

2)最大飞行真高不超过 30 m。

3)最大平飞速度不超过 50 km/h。

4)最大飞行半径不超过 2 000 m。

5)具备空域保持能力和可靠被监视能力,专门用于植保、播种、投饵等农林牧渔作业,作业过程中可以随时人工介入操控的。

2.适用范围

本程序适用于限用类民用无人驾驶航空器系统的型号合格证,补充型号合格证,正常类、运输类和限用类民用无人驾驶航空器相应类别适航证的申请、受理、审查和颁发,以及对证件持有人的管理和监督。

对于正常类和运输类民用无人驾驶航空器系统申请取得型号合格证、补充型号合格证的情形,应当贯彻本程序提出的基于风险的设计批准审定原则,分别依据《型号合格审定程序》(AP-21-11)和《民用航空产品补充型号合格证和改装设计批准书合格审定程序》(AP-21-14)的适用部分,并结合本程序的适用要求,开展相关证件的申请、受理、审查和颁发,以及对证件持有人的管理和监督。对于正常类和运输类民用无人驾驶航空器系统申请取得生产许可证的情形,应依据《生产批准和监督程序》(AP-21-31)的适用部分开展相关证件的申请、受理、审查和颁发,以及对证件持有人的管理和监督。

对于限用类民用无人驾驶航空器系统申请取得生产许可证的情形,可依据《轻小型航空器生产许可及适航批准审定程序》(AP-21-32)开展相关证件的申请、受理、审查和颁发,以及对证件持有人的管理和监督。

3.定义

中型民用无人驾驶航空器是指最大起飞质量大于 25 kg 但不超过 150 kg 的民用无人驾驶航空器。

大型民用无人驾驶航空器是指最大起飞质量超过 150 kg 的民用无人驾驶航空器。

中型民用无人驾驶航空器系统是指中型民用无人驾驶航空器以及与其有关的遥控台（站）和控制链路等组成的系统。

大型民用无人驾驶航空器系统是指大型民用无人驾驶航空器以及与其有关的遥控台（站）和控制链路等组成的系统。

新的民用无人驾驶航空器系统是指一直由制造商、分销商或经销商所有，其间没有被他人所有或者出租给他人，并且未在任何经营性运行中使用过的民用无人驾驶航空器系统。

5.2.2　第Ⅱ部分

1.基于风险的设计批准审定原则

民用无人驾驶航空器系统的设计批准审定工作采用基于风险的原则，实施分类管理。局方综合考虑民用无人驾驶航空器系统的产品特性、运行场景，以及新颖特性和复杂程度等因素，结合申请人的符合性表明能力和以往设计批准审定过程中的表现，确定与风险相匹配的审查方式。

民用无人驾驶航空器系统的产品特性不同，运行场景不同，其运行产生的潜在危害也不相同。相应的，其设计应满足的安全性目标和适航标准也不尽相同。

在民用无人驾驶航空器系统的设计批准审定过程中，还应关注型号设计不符合审定基础的风险。局方综合考虑民用无人驾驶航空器系统的功能失效造成的安全性后果、产品对象或相关符合性验证工作的新颖特性和复杂程度以及申请人的设计保证系统建设情况等因素确定风险等级，从而确定局方审查范围和深度、申请人设计保证系统的权利和限制，以及证后管理的检查频次。

基于风险的民用无人驾驶航空器系统设计批准审定，重视申请人设计保证系统的能力。申请人应当建立设计保证系统，确保民用无人驾驶航空器系统符合适用的适航标准和环保要求。申请人设计保证系统的成熟度关系到局方对申请人的信任程度，以及对其设计保证系统的权利和限制的批准。

2.设计保证系统

(1)设计保证系统要求。

民用无人驾驶航空器系统型号合格证或补充型号合格证的申请人应当建立适当的设计机构，并表明该设计机构已经建立并能保持一个有效适用的设计保证系统，对申请范围内的民用无人驾驶航空器系统的设计、设计更改进行控制和监督。

设计保证系统应使申请人能够：

1)确保民用无人驾驶航空器系统的设计及后续的设计更改符合适用的适航标准和环境

保护要求。

2)独立地监督对其设计保证手册规定的程序的符合性和充分性,并且具有反馈机制,向承担落实纠正措施职责的个人或部门提供反馈。

设计保证系统应当具有独立的符合性核查职能和制造符合性检查功能,确保设计机构向局方提交符合性声明的有效性和相关文件的符合性。

设计机构应当开展供应商管理,按照程序接收由供应商设计的零部件或者接收由供应商实施的任务。对于所有涉及设计和符合性验证资料生成以及参与验证活动的供应商,设计机构应确保这些供应商的设计与适航活动符合其设计保证系统的要求。

(2)设计保证手册。

申请人应当向审查组提供一本设计保证手册,该手册应当直接或通过引用其他文件的方式,描述组织机构、相关程序以及拟设计的民用无人驾驶航空器系统或拟进行的设计更改。

(3)设计保证系统人员要求。

设计保证系统应当配备足够数量和经验的员工,并赋予适当的权限使其行使职责,其办公环境、设施和设备应当使得员工的工作能够保证民用无人驾驶航空器系统符合适用的适航标准和环保要求。

(4)设计保证系统权利。

设计保证系统享有如下权利:

1)在型号合格审定、设计更改审定过程中,根据局方授权进行符合性判断。

2)在局方授权的、未列入局方审查范围的领域,局方将直接接受设计保证系统作出的符合性判断。

3)按照经局方认可的程序确认设计更改的类别,确认为设计小改的设计更改由其自行表明对适用要求的符合性,无须报局方批准。

4)对于超出民用无人驾驶航空器系统或零部件制造厂家持续适航文件规定的修理,并判断为重大设计更改的,根据局方授权批准修理方案。

3.型号合格审定流程

(1)申请。

限用类民用无人驾驶航空器系统型号合格证、补充型号合格证的申请人应向所在地区管理局提交下列申请材料:

1)按规定格式填写的申请书。

2)设计保证系统的符合性说明或建设情况说明。

3)产品的设计说明、主要技术数据、预期的运行场景及与之对应的风险类别和使用限制,所装发动机的设计特征、工作特性曲线和使用限制说明,所装螺旋桨的设计特征、工作原理和使用限制说明。

4)申请补充型号合格证时,应当提交型号设计更改内容说明。

5)建议的审定基础。

6）建议的审定计划。

（2）受理。

局方在收到申请人提交的申请书后 5 个工作日内，组织完成对申请材料的评审。对于申请材料不齐全或者不符合格式要求的，应一次性以书面形式通知申请人需要补正的全部内容。申请材料齐全或者申请人按照局方通知提交全部补正材料的，局方将受理申请，并通知申请人。不予受理的，将说明理由。

申请人收到受理通知书后，应当按照受理通知书的要求，缴纳相关审查费用。

限用类民用无人驾驶航空器系统型号合格证、补充型号合格证的申请书有效期为 3 年（自申请之日起计算）。

（3）熟悉性介绍。

申请人缴纳相关审查费用后，根据项目复杂程度，局方可要求申请人对项目作熟悉性介绍，介绍内容包括民用无人驾驶航空器系统的总体情况、预期的运行场景及与之对应的风险类别和使用限制、特殊的产品特性、申请人设计保证系统的建设情况和项目的进度计划等。熟悉性介绍的目的是让局方熟悉该产品的设计和项目，以便确定审查组的人员配置及与风险相匹配的项目审查方式。

对于设计简单、申请材料已足够详细或局方已足够熟悉的项目，可不要求申请人进行熟悉性介绍。

（4）组建审查组。

审查组是型号合格审定项目的审查团队，负责项目具体审查工作。局方针对每个项目都应成立审查组，审查组通常由一名组长和若干名审查代表组成，其组成应综合考虑项目的设计特点、进度安排和申请人的经验、能力等因素。

（5）设计保证系统。

1）审查组综合使用文件评审、人员面谈和现场评审 3 种方式开展设计保证系统审查。文件评审是审查组对申请人提交的设计保证手册及其程序文件进行评审。设计保证手册及其程序文件应覆盖申请人所从事的型号设计、符合性验证、符合性核查和独立监督等活动。审查组使用书面形式记录审查过程中发现的问题，申请人针对审查中发现的问题完善相关文件内容，直至审查组确认设计保证手册及其程序文件符合适航规章和本程序对申请人设计保证系统的要求。

2）审查组结合申请人的"设计保证手册"及其程序文件对责任经理、适航经理和符合性核查工程师的资质要求，开展与责任经理、适航经理及符合性核查工程师推荐人员的面谈。通过面谈评估上述人员的工作能力，并将面谈情况进行记录。人员面谈情况将直接影响审查组对申请人设计保证系统的具体授权范围。

3）在完成文件审查和人员面谈，并确认申请人满足设计保证系统相关要求后，审查组以批准设计保证手册的形式，认可申请人的设计保证系统，确定申请人设计保证系统的授权和限制，同意设计保证系统试运行，并在产品型号审定过程中发挥作用。

4）审查组结合民用无人驾驶航空器系统型号合格审定过程，开展申请人设计保证系统的现场审查。现场审查应确认申请人设计保证系统的有效性，以及申请人设计保证系统各项流程执行的稳定性,确保经过审查评估的各项流程可以稳定地获得输入并且形成预期的输出。如审查组在现场审查过程中发现问题,应使用书面形式记录,并通知申请人针对审查中发现的问题更改和完善设计保证系统。

(6)审定基础。

审定基础包括针对该类别民用无人驾驶航空器系统的适用适航标准,以及民用航空规章中适用于民用无人驾驶航空器系统的噪声、燃油排泄和排气排出物等环境保护要求,是设计批准的依据。在双方对被审定产品或设计更改的设计特性理解一致的基础上,根据申请人的建议,审查组确定审定基础,并得到申请人的同意。

在局方已颁布了该类别民用无人驾驶航空器系统适航标准的情况下,对于首次型号合格证申请,适用的适航标准和环境保护要求为申请之日有效的版次。对于设计更改,按照《航空产品设计更改审定基础的确定程序》(AP-21-36)确定审定基础。

对于现用类民用无人驾驶航空器系统,在其运行场景明确的前提下,首先识别出与之对应的运行风险。在此基础上,对局方已颁布的适航标准进行适用性评估,同时增加针对民用无人驾驶航空器系统特有的遥控台(站)、数据链路等方面的要求,构成项目的审定基础。

在局方尚未颁布针对该类别民用无人驾驶航空器系统适航标准的情况下,局方以项目专用条件的形式固化上述适用要求,将其最终确定为项目审定基础。随着项目审定实践的积累,局方将总结提炼有关专用条件,逐渐形成该类别民用无人驾驶航空器系统的适航标准。

(7)审定计划和符合性方法。

1)审定计划。

对于申请现用类民用无人驾驶航空器系统设计批准的项目,申请人应提交建议的审定计划。编制审定计划的目的是确保审查组与申请人在对审定资料有相同的基本理解的基础上开展工作。审定计划应包括以下内容:

a)设计方案或设计更改方案的说明,以及预期的运行场景、建议的使用限制的说明。

b)建议的审定基础,包括建议的适航标准和环境保护要求,以及专用条件。

c)建议的符合性方法、验证思路和符合性检查清单,符合性检查清单应覆盖所使用的符合性方法和相应的符合性文件。

d)建议的局方审查范围、深度,以及对申请人设计保证系统的授权范围和限制,并给出建议的说明。

e)项目里程碑计划。

f)双方责任人。

审定计划是一份动态文件。在项目起始阶段尚不具备所需要的信息时,审定计划可以逐步制订,并随着项目进展细化完善。

2)符合性方法。

在型号合格审定过程中,申请人用来标明型号对审定基础符合性的方法称为符合性验证方法(简称为符合性方法)。在审定过程中,申请人针对审定基础的具体要求,选取其中的一种或多种的组合来表明符合性见表 5-2。

表 5 - 2　符合性方法

符合性类型	符合性方法	使用说明	相关符合性文件
工程评估	MC0:符合性说明;引用型号设计文件;选择方法、系数等;定义	通常在符合性记录文件中直接给出	型号设计文件、记录的声明
	MC1:设计评审	如技术说明、安装图纸、计算方法、技术方案、航空器飞行手册……	说明、图纸
	MC2:分析/计算	如载荷、静强度和疲劳强度、性能、统计数据分析、与以往型号的相似性……	验证报告
	MC3:安全评估	如功能危害性评估(FHA)、系统安全性分析(SSA)等用于规定安全目标和表明已经达到这些安全目标的文件	安全分析
试验	MC4:实验室试验	如静力和疲劳试验,环境试验……试验可能在零部件、分组件和完整组件上进行	试验大纲、试验报告、试验解释
	MC5:相关产品上的地面试验	如旋翼和减速器的耐久性试验,环境等试验	
	MC6:飞行试验	规章明确要求时,或用其他方法无法完全表明符合性时采用	
	MC8:模拟器试验	如评估潜在危险的失效情况、驾驶舱评估……	
检查	MC7:工程符合性检查	如系统的隔离检查、维修规定的检查……	检查报告
设备鉴定	MC9:设备鉴定	设备的鉴定是一种过程,它可能包含上述所有的符合性方法	

符合性方法的代码、名称和相关符合性文件如下:限用类民用无人驾驶航空器系统的申请人可以根据该系统的设计特征和分级分类,提出新的符合性方法,在与审查组达成一致后,使用问题纪要予以记录。

(8)制造符合性检查。

申请人负责确认用于生成符合性数据的试验产品,并对这些试验产品进行100%的制造符合性检查。

对于纳入局方审查范围的试验,申请人应向审查组出具试验产品的制造符合性声明,审查组识别对试验结果关键的特征、属性和部件,并结合申请人制造符合性检查的质量,确定审查所需的制造符合性检查的最低量,进行局方制造符合性检查。局方制造符合性检查是对申请人制造符合性的确认,具有质量保证和工程双重目的。

从完成制造符合性检查至开展符合性验证试验前,不得对试验产品、试验装置进行更改。若有任何更改,则必须更新制造符合性声明。

(9)符合性验证和确认。

申请人应按照审查组批准的审定计划表明型号设计对审定基础的符合性。审查组根据审定计划确定的局方审查范围和深度,开展符合性确认工作,验证型号设计对审定基础的符合性。这包括工程验证试验、工程符合性检查、工程分析、飞行试验、申请人提交符合性报告、审查型号资料、审批持续适航文件、审批无人驾驶航空器系统飞行手册。

(10)最终全面评审。

审查组在向批准成立审查组的单位提交建议颁发设计批准的报告前,应完成下述工作:

1)对型号资料的审查状态进行核查,保证所有型号资料(包括纳入局方审查范围的和授权申请人的设计保证系统负责的)已经获得审查认可或批准,所有纠正措施已经得到落实。

2)用符合性检查清单对所有审定基础的符合性进行核查,所有不符合审定基础的事项必须都已解决。

3)确认所有问题纪要均已关闭。

4)确认申请人提交了设计符合性声明。

5)起草型号合格证/补充型号合格证的数据单。

6)对设计保证系统给出最终审查结论。

7)编写型号审查报告。

(11)设计批准证书的颁发。

审定工作结束后,审查组将向局方提交建议颁发设计批准证书的报告,并附上审查组的审查报告。局方对建议报告进行审核:对于同意批准设计的,在 10 个工作日内向申请人颁发设计批准证书;对于不同意批准设计的,局方书面通知申请人并说明理由。

(12)文件存档。

审查组应在颁发设计批准证书后 6 个月内,将型号合格审定中产生的各种文件及记录(纸质文件或电子版)交由批准成立审查组的单位归档,包括型号合格证和数据单复印件、补充型号合格证和数据单复印件、项目申请书和申请资料及受理通知书、问题纪要、审定计划、型号资料评审表、型号资料批准表、试验观察报告、试验观察问题记录单、局方试飞报告、飞行手册批准页复印件、型号审查报告。项目文档应保存至所有受影响产品永久退役。

设计批准证书持有人必须妥善保存相关的型号设计资料(设计数据、图纸、工艺、材料规范、使用限制等)、符合性验证资料(试验大纲、试验和分析报告等)、飞行手册的批准页和所有版本、持续适航资料所有版本、服务通告(安全通告/通知)。

(13)证后管理。

1)持续适航。

证后管理部门通过识别和评估在产品制造和使用过程中出现的工程问题和使用困难等安全性问题,制定和实施纠正措施(包括型号设计更改的控制与管理,适航指令的编制与管理、监督检查),监督设计批准证书持有人保持已获批准的产品、零部件或设备的安全性。

2)设计保证系统的持续监督。

a)计保证系统的持续监督活动可以以文件评审和现场监督两种方式进行。原则上至少每两年进行一次现场监督。持续监督活动应在 3 年内覆盖整个设计保证系统。

设计保证系统的持续监督活动按照计划组织监督工作,通过持续适航活动、抽样检查或新型号的申请来观察设计保证系统的运行效果,定期检查时在考虑设计保证系统独立监督职能的内部监督活动,定期检查完成后需要完成年度监督报告,并跟踪对监督过程中发现问题的纠正措施。

b)设计保证系统的变更。

在颁发型号合格证或补充型号合格证之后,设计保证系统的变更应向证后管理部门报告。证后管理部门应当对设计保证系统变更情况进行评估,确认是否为设计保证系统的重大变更。

c)设计保证系统变更的审查.

当设计保证系统发生变更时,独立监督职能人员应对变更的情况及其影响进行评估,并将评估结果报告责任经理,以确定应对的措施。

持证人应在评估的基础上,确定是否修订设计保证手册,并将相应的更改提交局方批准,以便局方决定是否接受设计保证系统的重大变更,以及相应增加或减少授予持证人设计保证系统的权利与限制。

第6章 适航双边

我国与世界上多个国家和地区建立适航双边协议,本章主要介绍中美《适航实施程序》(Implementation Procedure of Airworthiness,IPA)以及中欧《技术实施程序》,详细内容建议读者参考相关文件的原文。

6.1 适航双边协议概述

6.1.1 双边的目的和意义

民用航空产品的国际性,决定了需要开展国际适航合作,以保障民用航空安全、减轻申请人负担、促进航空产品国际交流。

双边适航是国际政府合作的重要模式,双边适航合作的目的和意义在于:

(1)提升国际地位,增加国际话语权。

(2)促进经济发展,促进工业水平提升。

(3)便于产品出口,减少局方重复工作。

企业市场需求、工业发展水平和国家综合实力是双边的前提和基础。

6.1.2 相关文件的要求

根据《芝加哥公约》(附件8)33条:登记航空器的缔约国发给或核准的适航证和合格证书及执照,其他缔约国应承认其有效。但发给或核准此项证书或执照的要求,须等于或高于根据本公约随时制定的最低标准。

《芝加哥公约》(附件8)要求:零部件供应商位于其他国,确保制造国能够履行其对于供应商的监督职责;在制造与设计国分清责任,确保设计国对制造国支持。

《芝加哥公约》(附件6)要求:运营人使用在其他国家登记的航空器的情况下,运营人所在国应该与登记国协调对航空器、维修和机组培训等进行审核,可以就登记国将监督责任转移给运行人所在国。

《适航手册》要求:适航责任外委(地区机构、邻国)、ICAO鼓励注册国认可设计国批准的设计、进口国可以提出专用条件、ICAO建议注册国和运营国之间就强制持续适航信息达成一致,注册国和运营国就适航责任达成一致。

《民用航空产品和零部件合格审定规定》要求:在受理型号认可证申请之前,局方应当确认中国与该民用航空产品的设计国已经签署民用航空产品进口和出口的适航协议、备忘录或技术协议。

6.2 中美适航实施程序

根据《中华人民共和国政府与美利坚合众国政府促进航空安全的协定》的制定关于设计批准、生产和监督活动、出口适航批准、设计批准证后活动及技术支持的适航实施程序。

6.2.1 总则

本适航实施程序由 2005 年 10 月 20 日美利坚合众国政府和中华人民共和国政府为促进航空安全所签署的《双边航空安全协定》（Bilateral Aviation Safety Agreement，BASA）（或"BASA 执行协定"）。美国联邦航空局（FAA）与中国民用航空局（CAAC）认为，双方用以进行民用航空产品和零部件设计批准、生产批准、适航批准和持续适航的航空器审定系统在架构和执行上是充分等效或兼容的，可支持本程序实施。

制定本适航实施程序（IPA）的目的，是定义可以进口到双方的民用航空产品和零部件的范围以及进口的流程，以及进口后的持续支持提供方法。

除了以上内容外，这部分涵盖了原则、当局适航审定系统的变化，管理，适用的本国要求、程序和指导材料，解释和分歧的解决、技术咨询、调查或强制措施方面的合作，改版、修订和联系人，生效日期、终止和取消。

6.2.2 范围

本实施程序适用于 FAA 和 CAAC 为标准类适航审定进行型号审定的航空器型号设计，除了 FAA 或 CAAC 颁发特殊适航证的航空器，以及 FAA 和 CAAC 同意限用类的航空器不适用于标准适航证。

除非表明有场需求，FAA 和 CAAC 通常不对其管辖权之外的产品或零部件的设计批准进行认可。

FAAC 和 CAAC 对正常类、实用类、特技类、通勤类和运输类航空器，以及载人气球和包括飞艇、甚轻型飞机（Very Light Aircraft，VLA）、滑翔机和其他非常规航空器在内的特殊类别航空器颁发标准适航证。

此外，本实施程序还涵盖设计批准和适航审定、标准件、持续适航、生产和监督、摘要表。

6.2.3 认可程序

本节原则和程序适用于包括双方民用航空产品和零部件的初始设计批准、对这些产品和零部件后续的设计更改批准以及用于支持修理与改装的设计资料批准的接受或认可。

通过本协定申请获得 FAA 或 CAAC 认可批准的对象须是民用航空产品和零部件。仅用于公共用途的产品和零部件，不具有本协定中 FAA 或 CAAC 认可的合法性，除非设计国当局接受对该产品或零部件进行审查，且在进口国管辖范围内提出民用的申请。在此种情形下，FAA 或 CAAC 将协商确定认可是否在协定规定的范畴之内，或是否需要按本程序的要求制定特殊安排。

认可的目的是确定审定当局所颁发的批准或证件,加上符合认可当局可能提出的其他任何要求,能够符合认可当局的环境和适航要求,或具有等效安全水平。

认可当局和审定当局之间有必要进行密切合作,以便于认可过程的有效管理和资源的最优调配。鼓励申请人寻求同步审查和认可批准。

证件和设计批准由认可当局通过以下 3 种程序之一进行接受或认可——接受、简化认可以及技术认可。

此外,认可程序还涵盖了接受、接受程序、认可申请的分类、认可流程、TSO 设计批准和非 TSO 功能的设计批准程序。

6.2.4 持续适航

根据《芝加哥公约》(附件 8)要求,设计国负责解决产品运行中涉及或生产的安全问题。作为设计国当局的审定当局,将向另一方当局提供关于强制改装、要求的限制和/或检查等必要的适用信息,以确保产品或零部件的持续运行。各当局将评估并且通常会接受审定当局采取的纠正措施,颁发其强制纠正措施。

持续适航包括失效、故障和缺陷以及使用困难的报告,不安全状况强制持续适航信息,适航指令的替代符合性方法等内容。

6.2.5 设计批准的管理

设计批准的管理明确了对于设计批准的转让、放弃、吊销、暂扣、终止或撤回的程序。这部分涵盖了 TC 和 STC 的转让、放弃、吊销或暂扣、终止、技术标准规定设计批准的放弃和撤回。

6.2.6 生产和监督活动

依据程序规定,在美国或中国生产并交换的所有产品和零部件,将在经批准的生产质量系统下生产,以确保产品和零部件符合经批准的设计,并确保完工的产品和零部件处于安全可用状态。该部分涵盖了生产批准持有人的监督,生产批准延伸,基于权益转让协议的生产批准(含 TC/PC 分离的项目),跨国企业等内容。

6.2.7 出口适航批准程序

FAA 和 CAAC 为整机颁发出口适航证。FAA 和 CAAC 为航空发动机、螺旋桨和零部件颁发授权放行证书(适航批准标签)或等效文件。这部分内容涵盖已获得设计批准的新航空器或使用过航空器的出口,出口到美国或中国的新的和翻新的航空发动机及新的螺旋桨,技术标准规定(Technical Standard Order,TSO)项目,改装和更换用零部件,出口适航证件上所列例外项目的协调,授权放行证书上所列例外项目的协调,以及进口产品的附加要求等内容。

6.2.8 当局间的技术协助

根据请求并经双方同意,在资源允许的情况下,当中国或美国有重大活动进行时,FAA和CAAC可彼此提供技术协助。这些协助包括审定的支持、制造符合性和监督的支持、适航审定的支持(航空器适航证交付的协助和确定使用过航空器的原始出口构型)、技术培训。这部分涵盖了设计批准期间的试验目击、符合性判定、设计批准期间的制造符合性审定、其他协助或支持的请求、适航证、产权资料保护、信息自由法案(Freedom of Information Act,FOIA)请求和政府信息公开条例请求、事故/事件和疑似未批准零件调查信息的请求等。

6.2.9 特殊安排和管理计划

在本程序中未特别说明且在BASA范围内的紧急或特殊情况出现时,FAA航空器审定服务国际处和CAAC航空器适航审定司适航检查处应评估并制定程序来处理相应情况。该程序应由FAA和CAAC共同商定各自采取特殊安排。如果很明显发生的情况是特殊的,没有重复的可能性,那么特殊安排应限定有效期。然而,如果该情况可能导致重复发生,那么FAA和CAAC应相应地对本实施程序进行修改。

如果技术程序需要详细的条款和解释来开展属于这些实施程序范围内的活动或根据这些实施程序作出的特别安排,那么这些条款和解释将在FAA和CAAC同意的管理计划中提出。

6.3 中欧技术实施程序

技术实施程序(Technological Implementation Plan,TIP)根据欧盟与中华人民共和国政府之间《民用航空安全协定》(附件1)第4.2款制定。该程序于2019年5月20日签署,是中国民用航空局和欧盟航空安全局之间用于适航和环境取证的技术实施程序。

6.3.1 总则

TIP详述了欧盟与中华人民共和国政府之间《民用航空安全协定》附件中关于适航与环境取证的实施。

本技术实施程序解决以下问题:

1)在附件1与民用航空产品的设计批准、持续适航、生产和出口有关的适航和环境审定(简称"附件")范围内的接口要求和活动。

2)协议各方的适航与环境系统之间的差异。

TIP中提出的综合行政和技术程序规定了技术机构对民用航空产品批准进行确认和相互接受的方式。

此外,该部分还涵盖了程序的管理、生效、修订和终止,TIP的发布,术语和定义,安全监管系统的兼容,主管部门的持续合格资质,交流,分歧的解释与解决等内容。

6.3.2 范围

TIP 详细列出了与合格民用航空产品的设计取证,生产监督和出口适航证相关的认可和接受程序。这部分涵盖了在中欧双边协议下的 EASA 作为审定国局方颁发且被 CAAC 认可或自动接受的设计证书,由 EASA 或欧盟成员国根据欧盟法律签发并经中华人民共和国根据本协议承认的出口证书和表格,中欧双边协议下的 CAAC 作为审定国局方颁发且被 EASA 确认或自动接受的设计证书,在中欧双边协议下由 CAAC 颁发的并经欧盟成员国认可的出口证书和表格等内容。

6.3.3 设计证书的批准程序

作为任一审定国局方确认和自动接受过程的指导原则:

(1)对于认可证书,通过一个相比于对设计或设计更改进行独立的、全面和深度检查而言,参与程度减少的过程,认可当局授予外国民用航空产品证书。认可过程应尽可能以审定国当局所做的技术评估、试验、检查和符合性认证为基础。

(2)对于自动接受的证书,认可当局认可和接受审定国局方的证书而无任何技术审查或认可活动。认可局方认可由审定国当局颁发的证书,其等效于根据认可国局方的立法和程序认可国局方自身所颁发的证书。因此,不要求认可当局颁发自己相应的证书。

此外,该部分还涵盖批准的自动接受,被接受的设计批准的程序,证书和批准的认可,批准和证书行政认可、流水线化的认可及技术确认的程序等内容。

6.3.4 持续适航

主管当局分别同意履行《芝加哥公约》(附件 8)规定的国际民航组织缔约国适用的持续适航义务。设计国当局的职能,如适用,制造国当局或注册国当局的职能将由适当的主管当局执行。这些程序旨在促进履行这些义务,并及时解决各自管辖范围内民用航空产品中出现的服役安全问题。

该部分还涵盖了功能异常、失效及缺陷和服役困难报告,不安全状态和强制性持续适航信息,对适航指令的替代符合性方法等内容。

6.3.5 设计批准的管理

涉及设计证书的转移、放弃、撤销、暂停或撤回的程序。只有当申请人同意承担 CAAC 和 EASA TC/STC 以及受影响的运营机队的责任时,当局才会管理 TC/STC 的转让。

为了及时转让 TCs 和 STCs,必须尽早与这两个当局进行协调。在所有情况下,型号设计数据都是设计批准持有人的财产。根据《芝加哥公约》(附件 8)要求,设计国责任的转移必须得到两个当局的同意。如果两个机构之间不能达成一致意见,那么审定国局方可以撤销证书,并通知有关 ICAO 国家不再有设计批准持有人。

此外,设计批准的管理还涵盖了 TCs 和 STCs 的转让、放弃、撤回或暂停,以及 CTSO/ETSOA 的放弃或撤回等内容。

6.3.6 生产批准

一个中国产品证件持有人清单,包括中国技术标准批准的持有人,其产品被欧盟所接受,将被公布并被定期更新在 EASA 的官方发布中。当 CAAC 的设计批准被 EASA 所认可或接受时,EASA 将包含相关 CAAC 产品证件持有人进入相应的清单而没有任何形式的评估,这包括中国技术标准批准持有人,并且产品有资格出口欧盟。

6.3.7 出口证书和表单

进口方将承认并接受根据 TIP 而签发的出口适航批准书。这部分涵盖了出口产品的审定,出国适航证例外情况的协调,进口的附加要求等内容。

6.3.8 审定活动的技术支持和信息

经请求并经双方同意,在资源许可的情况下,主管当局在各自境内开展重大活动时,可相互提供技术支持和信息,简称"技术协助中国或者欧盟"。这些包括但不限于审定和认可支持、符合性和监控支持、适航审定支持等内容。

第7章 持续适航管理

7.1 持续适航管理的意义和目的

7.1.1 持续适航管理的依据

《国际民用航空公约》是国际民航组织会员国所达成的协议。它包括 18 个附件,其中附件 6《航空器的运行》中阐述了如航空器运行、性能、通信与导航设备、维修、飞行文件、飞行人员职责以及航空器的安全保卫等方面的一般规则和要求。

依照《国际民用航空公约》,为履行国家适航当局的职责,国家民用航空主管部门需要建立自己的民用航空器适航管理机构,需要制定基本法规并付诸实施。

1987 年 5 月 4 日发布的《适航条例》是一部极为重要的行政法规,它的发布和实施标志着中国民用航空走上了国际先进的、科学的民用航空器适航管理轨道。

适航管理规章是适航管理工作的法律依据,在持续适航管理工作中,必须具有相应的规章,才能够逐步建立、健全和完善这样的管理工作。目前,在持续适航管理领域,我国已颁布和生效了《民用航空器维修许可审定的规定》(CCAR - 145)和《民用航空器维修人员合格审定的规定》(CCAR - 65)两部规章,目前正在对另两部营运规章进行讨论、定稿。因此,规章是持续适航管理工作的基本准则。

7.1.2 持续适航管理的目的

适航管理工作的宗旨是保障民用航空安全,维护公众利益,促进民用航空事业的发展,这是《适航条例》中明确规定的。

持续适航管理也是在这一宗旨下进行的。尽管在工作过程中遇到的不同情况、不同问题需要采取多种形式的管理方法,但在这一宗旨的指引下,通过行之有效的规章要求予以控制,通过各航空运输、维修企业内部的自身管理机制的完善和有效运转,以达到保障民用航空安全,维护公众利益,促进民用航空事业发展的目的。

7.1.3 持续适航管理的现状

1984 年 1 月开始施行的《中国民用航空机务工程条例》中的第四章"维修管理规则"中,首次提出了对维修单位许可证和维修人员的执照要求。

1985 年,民航局又制定了《中国民用航空条例——适航管理暂行规则》,于 1986 年 10 月 1 日生效,成为进一步开展适航管理的依据。

在此期间,持续适航管理工作也开始实施,促进了维修人员素质的提高,举办了多次培训和执照考试,并颁发了维修人员执照。

对维修单位的适航性管理,是以颁发维修许可证开始的。早在 1986 年 6 月,我国就开始对新加坡、日本、澳大利亚等国的十几家航空公司或维修单位进行了维修许可审查,颁发了维修许可证。

《适航条例》颁发后,对国内维修单位的审查工作就开始了。申请维修许可证的单位,必须按规定编制维修单位手册,使之确保其维修质量,满足持续适航要求的全部维修活动规范,以达到从人治到法治的转变。

从 1987 年国务院颁布《适航条例》至今,在持续适航管理方面,已有了长足的发展,管理机构已基本建成,规章和程序日益完善。

7.1.4　持续适航管理的意义

持续适航管理是一个国际上通用的管理模式,它对民用航空器在投入营运后,保障飞行安全,促进民用航空事业的发展起到了促进的作用。我国实施持续适航管理,有助于在国际民航组织中参与各项活动和发挥作用。通过履行《国际民用航空公约》的义务,与国际上的先进管理方法接轨,这与我国的改革开放政策是相吻合的,并且也有利于民航事业改革开放和发展。

持续适航管理完全是一种政府职能的管理,通过这种管理,有利于在民航领域增强政府的监督职能,提高和完善管理水平,为进一步提高和保证飞行安全水平起到促进作用。

通过实施持续适航管理,各航空器使用人与维修单位有法可依,依法办事,并鼓励相互竞争与发展。持续适航管理对提高民航事业的整体安全水平和经济利益是起推动作用的,它有利于进一步提高我国各航空企业的管理水平、技术进步和在国际上的竞争能力,为我国民航事业的发展和进步起到了积极的作用。

7.2　型号合格证持有人持续适航体系的要求

7.2.1　持续适航相关定义

首先给出与持续适航相关专业术语的定义:

(1)持续适航。航空器在其使用寿命内的任何时间都符合其型号审定的适航要求并始终处于安全运行状态。

(2)故障。工作超出规定界限的事件状态。

(3)失效。系统、零部件失去原有设计所规定的功能或发生故障的现象。

(4)缺陷。产品不满足预期的使用要求或合理期望的一种状态。

(5)事件。影响或者可能影响飞机安全的信息。

(6)风险。某一特定危险情况发生的可能性和后果的组合。

（7）定性分析。用主观的、非数量化的方式评估航空器安全性的分析过程。

（8）定量分析。用基于统计和数据的方法评估航空器安全性的分析过程。

7.2.2　持续适航体系工作内容的要求

对于型号合格证持有人而言，持续适航体系工作流程如图 7-1 所示。

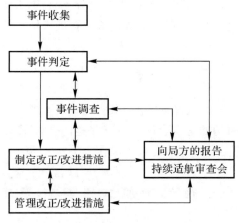

图 7-1　持续适航体系工作流程

型号合格证持有人的持续适航体系，其工作内容包括：

1）事件收集。

2）事件判定。

3）事件调查。

4）制定改正/改进措施。

5）管理改正/改进措施。

6）向局方的报告。

7）持续适航审查会。

7.2.3　持续适航体系组织机构的要求

（1）持续适航体系管理机构。

型号合格证持有人应当设立一个专门的组织机构负责持续适航体系的管理工作。持续适航体系管理机构的成员应当由各相关部门的人员组成，并经授权能够代表本部门对持续适航体系的相关事项进行决定。管理机构代表型号合格证持有人落实持续适航责任，其负责人应当至少由负责适航安全的副总经理担任。

持续适航体系管理机构主要工作的最终结论应当由该管理机构的负责人决定。

（2）持续适航体系管理机构的主要职责。

持续适航体系管理机构的主要职责包括：

1）明确本单位持续适航体系的政策、程序和标准。

2）对持续适航体系运作的有效性进行评估。

3）批准或确认改正/改进措施，并能够为相关部门和人员确认和落实改正/改进措施提供必要的人力、物力和财力资源。

4）决定应该向局方报告的事项。

5）对重大事件处置或质量调查中发现的问题进行分析、处理，并提出安全建议。

（3）持续适航体系的分支机构。

型号合格证持有人可以根据组织规模设立若干分支机构，并承担相应的管理和日常工作职责，但持续适航体系工作的最终责任由持续适航管理机构的负责人承担。

（4）持续适航管理机构的会议机制。

持续适航体系的管理机构应当定期或按需召开会议，对上述责任事项进行讨论和决策。参加会议的人员应当为管理机构正式成员，当需要由其他人员替代该管理机构正式成员参加会议时，应当在《持续适航体系的管理手册》中明确替代原则。

持续适航体系的管理机构的每次会议应当有完整的会议记录，对形成的决定或决议应有书面的会议纪要，会议纪要应作为档案永久保存。

7.3　持续适航文件具体要求

7.3.1　维修要求

（1）维修要求的主要目的是向航空器使用人或者运营人提供保持航空器的持续适航性和飞行安全的维修任务要求。航空器的维修要求一般包括：

1）航空器系统和动力装置［包括部件和辅助动力装置（Auxiliary Power Unit，APU）］

2）航空器结构重要项目的计划维修任务和维修间隔。

3）航空器各区域的计划检查任务和检查间隔。

4）特殊检查任务（如闪电和高辐射防护）及其检查间隔。

5）审定维修要求（Certification Maintenance Requirement，CMR）。

6）适航性限制项目（Airworthiness Limitation Instruction，ALI）。

（2）维修要求应当根据航空器型号审定中明确的系统、设备和结构的预期可靠性水平确定，涵盖航空器所有的系统、设备和结构，并考虑以下（但不限于）特定运行环境的影响：

1）潮热气候。

2）含盐腐蚀气候。

3）风沙和/或灰尘。

4）寒冷天气。

（3）维修要求应当具体指明维修任务的类别、适用的项目或区域（系统、设备和结构项目以 ATA 章节的方式标明），并以飞行小时、飞行循环、日历时间或者其组合的方式明确维修或检查间隔。

（4）对于运输类飞机，维修要求通过局方批准并发布维修审定委员会报告（Maintenance Review Board Report，MRBR）的方式提出，并作为飞机所有人或者运行人制定初始维修方案的依据。

（5）为了指导航空器所有人或者运行人编制客户化的维修方案，航空器制造厂家可以制定维修计划文件（Maintenance Planning Document，MPD）来提供指导和帮助，制定 MPD 时应当符合下述原则：

1）使用术语、定义和原则上与维修要求文件（或者 MRBR）一致；

2）内容不少于或低于维修要求文件（或者 MRBR）的要求；

3）内容的编排不引起使用的混淆。

7.3.2 航空器维修程序

维修程序的主要目的是向航空器所有人或者运行人提供一套维护说明书，以保证航空器的正常维护和落实具体的维修要求。航空器维修程序的主要内容应当至少包括：

1）概述性资料。

2）系统和安装说明。

3）使用和操作说明。

4）故障处理说明。

5）维修实施程序。

6）维修支持信息。

下面对这些内容作简单描述。

（1）概述性资料。

航空器概述性资料中涉及设计数据的内容应当源于型号审定的对应文件。为方便使用，在不同的维修程序手册中可能重复编写或者相互参考一些航空器概述性资料，但须保证相关资料的一致性。航空器概述性资料包括但不限于下述内容：

1）航空器特点和数据，包含但不限于：

a）区域、站位。

b）各类质量的数据。

c）各类尺寸数据。

d）地面发动机运转时的危险区域数据。

e）驾驶舱每个仪器仪表指示数据的说明。

f）客舱/货舱中每个仪器仪表显示数据的说明。

g）电子舱或者设备舱每个仪表指示数据的说明。

h）航空器外表、系统部件的指示数据说明。

i）必要的产品部件的参数说明。

j）与航空器结构维修任务相关的数据（结构尺寸、结构材料、因维护需要结构区域载荷的限制）。

2）勤务说明：包括勤务点、油箱和流体容器的容量、所用流体类型、各系统所采用的压力、检查和勤务口盖的位置、润滑点位置、所用的润滑剂、勤务所需的设备、牵引说明和限制、系留、顶起和调水平资料。

（2）系统和安装说明。

航空器系统和安装说明中涉及的系统组成和设计数据（如拧紧力矩）内容应当源于型号

审定的对应文件,涉及的安装程序和图示应当源于生产许可审定的对应文件。其内容至少包括航空器各系统(包括发动机、螺旋桨和设备)的基本组成部件和各部件的功能、相互逻辑关系,系统显示,以及为了方便说明而提供必需的系统产品部件的性能数据和部件内部的工作原理。

(3)使用和操作说明。

航空器系统、部件的使用和操作说明中的内容应当源于型号审定的对应文件。其内容至少包括维修人员需要了解(如执行维修测试)的航空器系统、部件在翼使用和操作说明(包括适用的特殊程序和限制)。

(4)故障处理说明。

航空器可能发生的故障应当源于型号审定过程中的系统安全分析,是航空器监控系统所能检测到的故障,同时包括机组和维修人员发现的故障,这些故障包括但不局限于以下方面:

a)驾驶舱内所有警告、警戒和告诫所对应的故障信息。

b)中央维护计算机系统中所有的故障信息。

c)航空器产品部件上指示的故障信息。

d)飞行员飞行中可能报告的故障。

e)其他机组人员运行中可能报告的故障。

f)维修人员例行检查时可能发现的故障。

故障处理说明的内容包括针对每条故障现象列出其可能原因和失效的部件(可能原因的排列原因一般可以按照先易后难的原则),以及基于故障可能原因进行的隔离、判断和排故程序。

(5)维修实施程序。

1)维修任务。

维修任务应当源于维修要求(计划任务)和其他持续适航文件涉及的维修实施要求(非计划任务),包括但不局限于以下方面:

a)MRBR 和 MPD 中的计划维修项目。

b)故障处理涉及的排故程序。

c)主最低设备项目清单(Master Minimum Equipment List,MMEL)中涉及的维修程序。

d)可预计的意外损伤的处理(包括但不限于鸟击、雷击、水银泄漏、海鲜泄漏、重着陆、飞越火山灰、航空器空中机动过载等)。

e)部件拆卸安装后必要的维修任务。

f)数据统计分析产生的维修任务。

每项维修任务的内容应当至少包括计划或非计划维修任务所涉及的下述内容:

a)清洗、检查、调整、试验和润滑的具体的实施程序,并提供适用的允差(如磨损、渗漏等)及推荐的补充工作内容。

b)拆卸与更换零部件的顺序和方法,以及应采取的必要防范措施(包括保证航空器和人员安全的必要措施)。

c)上述任务所涉及的工具设备、航材、材料等必要信息。

2)维修可接近性说明。

维修可接近性说明应当源于维修任务的可达性要求。内容包括完成所有维修任务的航空器接近口盖的图示和说明,如果没有接近口盖,应该提供接近的具体方法和程序。

3)标准工艺和操作。

标准工艺和操作应当源于维修任务中的通用工艺和操作,包括但不限于:

a)结构紧固件的标识、报废建议和拧紧力矩。

b)各类结构、部件的静电接地的检查、安装、清洁。

c)各类管路的标识、安装、固定、检查的程序。

d)可拆卸标牌的清洁、安装。

e)钢索的检查和安装。

f)各类紧固件、连接件的保险。

g)各类勤务点的检查和安装。

h)各类密封、封胶、封严、封圈、备用封圈的安装、检查。

i)电气电子设备、线路、跳开关的清洁、检查、修理。

j)典型结构表面的检查、打磨、处理。

标准工艺和操作包括具体每项工艺或操作的具体实施程序和标准,保证航空器和人员安全的必要措施、并提供所涉及的工具设备、航材、材料等必要信息。

4)无损探伤(Non Destructive Testing,NDT)文件。

无损探伤文件应当源于维修任务中要求实施无损探伤的项目,包括根据航空器的结构特点确定的如下内容。

a)各种 NDT 方法的特点(包括射线成像、涡流、渗透、磁粉、超声、热成像、内窥镜、声音等)和适用范围(位置、材料、损伤)。

b)维修任务要求的每个项目 NDT 检查的具体程序,包括:

——所使用的设备和材料说明。

——检查的标准程序。

——标准试块的校验。

——判断检查结果的程序。

——必要的防止人员、航空器和设备伤害的措施。

5)结构修理文件。

结构修理文件(Structure Repair Manual,SRM)描述航空器在服役中预期的结构修理种类和准则,是须型号审定部门批准的一种持续适航文件,具体要求参见有关的适航标准法规文件。

(6)维修支持信息

1)工具设备手册。

工具设备应当源于维修任务中涉及的专用的工具、夹具和测试设备,包括根据工具设备的特点确定的如下适用内容:

a)标题、件号标识和所在的手册名称和位置(章/节/题目/页号组)。

b)可以简单和直接了解这些工具和设备的用途的详细说明资料。

c)每个工具和设备单元的图解示图和使用位置的示图。

d)每个可修理和可更换件的图解零件清单。

e)如可以由用户自制,应提供完整的制造图纸。

f)维护说明。

g)对于庞大和笨重的工具设备,应当提供便于包装和运输的尺寸和质量说明。

2)供应商信息。

航材供应商信息应当源于维修任务中涉及的可更换零部件、原材料和专用工具设备,包括便于航空器所有人或运行人采购的以下内容:

a)索引部分,包括按照采购项目(如件号/型号、名称)索引和按供应商索引。

b)供应商信息(可按字母顺序排列),包括联系人、地址以及产品保障体系。

7.3.3 机载设备和零部件维修程序

(1)基本要求。

机载设备和零部件维修程序的主要目的是向航空器所有人或者运行人提供一套机载设备和零部件的维护说明书,以确保落实具体的维修要求。机载设备和零部件维修程序的编制责任属于航空器制造厂家。

注:航空器机载设备和零部件维修程序一般以部件维修手册(Component Maintenance Manual,CMM)的形式编制。

(2)部件维修手册。

航空器制造厂家可以选择直接使用机载设备和零部件制造厂家编制的单独手册或结合航空器维修程序一同编制。

1)编写原则:对于航空器维修要求中涉及执行离位维修任务的机载设备和零部件,航空器制造厂家应当编写机载设备和零部件的维修程序。

2)内容要求:机载设备和零部件维修程序应当至少包括下述适用内容。

a)原理、功能和操作说明。

b)测试和校验程序。

c)修理和翻修(如适用)程序。

d)图解零件目录和线路图。

e)材料和工艺规程。

7.3.4 运行程序

执行运行程序的主要目的是向航空器使用人或者运营人提供一套运行说明书,以保证航空器的正常使用和落实具体的运行要求。航空器运行程序主要包括:

(1)航空器飞行手册(Aircraft Flight Manual,AFM)(机组操作程序部分)。

(2)飞行机组操作规范。

(3)偏离放行指南。

(4)载重平衡手册。

（5）客舱机组操作手册。

（1）航空器飞行手册。

航空器飞行手册为飞行机组提供了在所有预计飞行过程中安全有效地操纵航空器所必需的使用极限、程序、性能和系统资料，是飞行机组操作手册、快速检查单和载重平衡手册的基础。航空器飞行手册是需型号审定部门批准的文件，具体要求参见有关的适航标准法规文件。

（2）飞行机组操作手册。

飞行机组操作手册为飞行机组提供了在所有预计航线飞行过程中安全有效地操纵航空器所必需的使用极限、程序、性能和系统资料，航空器制造厂家可根据航空器飞行手册编制飞行机组操作手册，以建立具体的标准化程序和动作，同时也可作为航空器改装训练、复训和熟练检查的一个全面参考和复习指南。

飞行机组操作手册中使用的数据应当源于经型号审定部门批准的航空器飞行手册（AFM），如果存在非源于 AFM 的内容应当注明。飞行机组操作手册应当至少包括如下内容：

a)使用说明：适用的航空器列表、使用的术语（包括缩略语）或者图示符号。

b)运行限制：应当包括需要飞行机组掌握的航空器及各系统的具体运行限制。

c)正常程序：每次飞行都要完成的程序，以确保航空器状态正常、驾驶舱配置正确。

正常程序一般包括如下内容：

——飞行前准备程序。

——外部检查。

——机长和副驾驶飞行前程序。

——起动前程序。

——推或拖航空器程序。

——发动机起动程序。

——滑行前程序。

——起飞前程序。

——起飞程序。

——起飞收襟翼速度计划。

——爬升和巡航程序。

——下降程序。

——进近程序。

——放襟翼计划。

——着陆程序。

——复飞和中止进近程序。

——着陆滑跑程序。

——着陆后程序。

——关车程序。

——离机安全程序。

d)非正常程序:不是每次飞行都必须完成的,而是按需要(如由于恶劣天气等)完成的程序,包括维修人员完成飞行前系统测试后可能需要机组完成的补充程序。

非正常程序一般包括如下操作或测试的内容:

——应急设备、舱门、风挡。

——空气系统。

——防冰、排雨。

——自动飞行。

——通信。

——电气。

——发动机。

——防火。

——飞行仪表、显示。

——飞行管理、导航。

——燃油。

——恶劣天气。

e)性能数据:签派放行和飞行中的性能数据。具体内容包括以下内容。

——签派放行性能:起飞、航路、着陆所需的性能数据图表和说明。

——飞行中性能:一般性能数据和全发、发动机不工作、电子发动机控制器(Eletronic Engine Controller,EEC)备用模式、EEC备用模式(发动机不工作)、起落架放下、起落架放下且发动机不工作的性能数据图表和说明。

f)航空器系统说明:

——外形尺寸(主要尺寸和转弯半径)。

——驾驶舱面板(前面板、顶板、侧面板和后面板)。

——操纵和指示(按钮/开关、灯光控制、舱门和玄窗、通用计算数据源的恢复、氧气系统、应急撤离等)。

——系统描述(灯光系统、共同核心系统、氧气系统、舱门、驾驶舱座椅)。

——应急设备(设备的标记、位置)。

——飞行机组和客舱机组休息设施。

——EICAS信息。

(3)快速检查单。

为飞行机组提供在正常情况下驾驶航空器和处理非正常情况时所需快速参考的资料,航空器制造厂家可根据航空器飞行手册编制快速检查单,以简缩的形式建立安全、有效的操纵航空器的最低程序和动作。

快速检查单的内容应当源于飞行机组操作手册。快速检查单应当至少包括如下内容:

a)使用说明:具体说明适用的航空器列表和使用原则。

b)正常检查单:包括按照飞行阶段描述需确认的关键检查项目,具体飞行阶段参考FCOM的正常程序。

c)非正常检查单:包括飞行机组应对非正常情况的动作和确认检查项目。

非正常检查单包括:

——双发熄火,有剩余燃油。

——双发熄火,无剩余燃油。

——水上迫降。

——迫降。

——紧急下降。

——紧急撤离。

d)飞行中性能:至少包括需要飞行机组快速参考的速度、着陆距离、一台发动机不工作等有关的性能数据。

e)快速索引:包括机组能够快速查找到需要内容的索引方式,快速操作索引、紧急程序索引、按字母顺序编排的索引。

(4)载重平衡手册。

为航空器所有人或运行人提供航空器安全运行所必需的全部载重平衡方面的信息,通过有效的装载程序安全地分配最大业载,运输类飞机的制造厂家应当根据航空器飞行手册编制载重平衡手册。

载重平衡手册的数据应源于航空器飞行手册和 CCAR25 § 25.29、§ 25.471(b)、§ 25.1519、§ 25.1583(c)条款符合性审定的有关报告。载重平衡手册应当至少包括如下内容。

a)概述部分:具体说明适用的航空器;相关术语、单位换算、缩写的解释说明;航空器的外形尺寸、平衡基准系统的构成(平衡力臂、各舱门位置、平均气动弦长的概念和与力臂的换算公式、机身纵向剖线、水线);影响性能和运行限制的因素(重心插值计算、运行质量重心要求和限制因素)。

b)审定的质量和重心限制:包括最大滑行质量、最大起飞质量、最大着陆质量、最大无燃油质量、最小飞行质量、最小轮胎尺寸要求、质量-重心包线图、起飞水平安定面配平设置、质量重心与安定面配平位置对比图表、起落架和襟翼的影响、收起落架力矩变化、收襟翼力矩变化。

c)燃油:包括油箱位置和容量,油箱位置示意图,最大燃油质量,可用燃油量和分布,不可用燃油量和分布,燃油加注程序,燃油密度限制,横向燃油量不平衡,燃油使用限制,燃油使用程序。各油箱燃油量及力臂表。

d)系统液体:包括发动机系统工作用油,发电机用油,液压油,起落架系统用油,操纵系统用油,饮用水系统(包括水箱容量和位置),废水处理系统(包括厕所数量和位置示意图)厕所工作用液体种类和体积,厕所位置对应力臂表。

e)机组及乘客质量:包括乘客和机组人员及行李质量限制。机舱内部布局,包括驾驶舱布局图及机组平衡力臂表,客舱布局平衡力臂图,乘客平衡力臂表,乘务员平衡力臂表。

f)机舱内部安排:包括驾驶舱和客舱力臂分布,乘客和客舱机组位置,厨房最大载重限制。

g)货物装载:货舱装载限制,最大允许质量,前、后货舱平衡力臂示意图,各货舱最大允许质量表(包括总质量限制,纵向装载限制和地板压强限制),前、后货舱位置,容积及平衡力臂表,前、后货舱结构、容量示意图表。货舱门尺寸和允许通过行李尺寸,包括装载说明及示意图表,货物捆绑限制。

h)顶升限制:航空器千斤顶支撑点位置图,最大允许载荷表,千斤顶工作质量-重心限制包线,主起落架千斤顶支撑点力臂示意图。

i)牵引和地面操作限制:牵引和地面操作防侧翻的考虑因素和限制、登机和离机防侧翻的考虑因素。

j)航空器称重:包括进行航空器称重的基本方法,称重所需的仪器设备。称重前的准备工作,应明确航空器构型完整一致,应确定所有液体(包括燃油、滑油、水、液压油等)的体积,称重区域和设备应确保避免错误和读数变化最小,航空器称重的程序及要求,非水平状态重心修正,航空器称重报告应包括特定航空器的载重和平衡数据。

k)部件质量和力臂示意图表:机翼、水平尾翼、垂直尾翼、机身、主起落架、前起落架、发动机短舱。

l)装载计划及包线:装载计划的作用、要求和示例。

(5)偏差放行指南。

如果航空器制造厂家希望让其制造的航空器能在特定设备项目不工作的情况下实施运行,那么应当制定主最低设备清单(MMEL)。主最低设备清单的要求参见 AC‐121/135‐49。有些航空器制造厂家还采取编制偏差放行指南的方式为航空器使用人或者运营人提供在航空器设备、功能和外形偏离设计状态下放行航空器的指导和具体操作、维修程序。偏差放行指南的设备、功能偏差部分应当与 MMEL 一致,外形偏离的部分应当根据 AFM 的外形组操作手册来提供有关信息和指南,以便客舱机组建立标准化程序和动作,同时也可作为客舱机组训练的全面参考和复习指南。客舱机组操作手册的具体要求如下:

客舱机组操作手册中使用的数据应当源于经型号审定部门批准的有关工程文件、航空器飞行手册和机组操作手册的内容。飞行机组操作手册应当至少包括如下适用的内容:

a)航空器介绍:航空器的总体介绍、主要尺寸和客舱布局。

b)控制面板:位于客舱区域的各种控制面板的说明。

c)客舱灯光:客舱灯光、内部和外部应急照明的说明。

d)客舱通信:客舱机组使用的航空器通信系统说明,包括:

——客舱内话系统。

——旅客广播系统。

——旅客呼叫系统。

——盥洗室呼叫系统。

e)客舱标记标牌。

f)盥洗设备:盥洗室及其位置,水和污水系统,盥洗室烟雾探测和废物箱灭火瓶的说明。

g)厨房设备:厨房设备,位置,有关的水和污水系统说明。

h)门、滑梯和应急出口:登机门,应急出口和撤离滑梯的说明。

i)应急设备:航空器各位置的应急设备说明,包括:

——应急设备标识。

——应急设备的位置。

——氧气系统。

——呼吸性保护装置。

——灭火瓶。

——应急定位发射机。

——其他各种应急设备。

j)非正常情况处置指南:提供防火和客舱灭火的一般指导。提供客舱机组应急着陆撤离的建议指导,包括各出口位置引导乘客撤离的职责,以保证乘客和机组在最短的时间内安全撤离航空器;提供客舱机组水上迫降撤离的建议指导。

k)其他:如便携式电子设备的使用控制,以防止对飞行控制,导航和通信系统的干扰。

7.3.5　构型控制文件

产品构型控制文件用于规定航空器的构型设计标准,以保证在航空器维修过程中,符合经批准的设计规范。产品构型控制的主要内容包括:

1)图解零件目录。

2)线路图册。

(1)图解零件目录。

图解零件目录用于提供航空器部件装配、更换的上一级/下一级装配件(零件)关系,并提供零部件识别、供应、储备和领取的索引。

图解零件目录应当源于型号审定过程中制造符合性检查确立的装配图解。图解零件目录应当至少包括航线可更换件的下述内容:

a)详细零件图解:包括每一部件项目组件图,以及进一步表明与高一级组件之间关系的分组件和具体零件级别的图解,并应当列至每一个可以分解、修理、重新装配或替换的具体零件。每一图解都应标明图号,且分解项目应当注明项目号。

b)详细零件目录:详细零件目录应当列出和图解对应的所有焊接和铆接件外的连接零件,但是如果制造商考虑到这些零件的正常更换,那么目录中也应包含焊接和铆接零件。详细零件目录页中应当以表格的形式标明如下内容:

——图和项目号。

——件号。

——航空公司库存号。

——名称。

——每组件数量。

——原始制造厂家或销售商(销售商代码应以大写字母 V 打头)

c)其他必要说明:包括但不限于下述内容。

——当通过贯彻服务通告对现有零件进行更改、返修或者安装附加的零件时,应在说明栏示出包括"SB"字样的服务通告号。在件号栏中应保留更改以前的件号。

——如果两个或两个以上的组件大部分是由相同的零件组成的,或组件是包含左件和右件的对称(反向)组件,那么应在说明栏进行标识并一起示出。每组件栏中只应注明一个组件所需的数量。

——对于涉及延程运行批准涉及的敏感项目,应当注明延程运行的批准状态。

——对于标准件,应在件号栏列出标准号(包括对应等效标准),并在说明栏中列出可通过商业渠道采购的全部项目说明(如材料、钉头的类型、螺纹类型、尺寸和长度等)。

(2)线路图册。

线路图册用于提供航空器电子/电气线路的图解,并对相应的电路进行充分的阐明,以便在维修过程中用于对相关系统的排故和维修。

线路图册应当源于型号审定过程中制造符合性检查确立的布线图。线路图册包括航空器所有电子/电气线路构成的线路图、系统原理图、清单(包括电子/电气设备和导线)和位置图(包括必要的发动机、部件内部线路),具体要求如下。

a)设备图表:包括所有主要的电子和电气设备的位置图表(可参照主要面板、站位线、水线、纵剖线和等效的位置系统等目标进行标设);所有主要接线盒的图表(包括接线片、接地点、断开点,同时应标出它们相互之间正确的物理连接关系);线束布线和端接图表(包括线束标设、走向和物理位置的图示)。

b)配电线路:包括所有的主汇流条和备用汇流条,以及这些汇流条给电子/电气项目供电的断路器线路。

c)线路图和原理图:包括所有按 ATA 章/节/标题号编排的线路图和原理图,所有系统、子系统、项目的功能均应在线路图上表示出来,必要时使用系统原理图、方框图、简化原理图、逻辑原理图和系统逻辑原理图进行补充说明。

d)电子和电气设备清单:包括按字母-数字顺序列出的所有航线可更换的电子和电气设备组件和子组件清单,并注明设备位置、说明(名称和主要改型)、采用技术标准编号或其他等效编号(如适用)或者制造厂的件号和有效性。

e)导线清单:包括所有的连接导线、备用导线、导线套管、接线端、接头和接地块。

f)标准线路操作:包括但不限于以下内容:

——导线的端接、连接器和接头的安装、用于屏蔽的抽头和端接点的预加工、接地线和地线接线柱、导线和导线束的维修操作工艺。

——必要的用于电子电气线路连接、断开、端接的特殊的维修操作工艺。

——导线标记方法的详细说明。

7.3.6　培训规范

培训规范是对保障航空器正常运行和持续适航涉及的关键人员(如飞行机组、客舱机组及维修人员等)进行培训的教材范本,但由于飞行机组对飞行安全的重要性和训练要求较高,故特别提出了飞行机组训练手册的要求。

飞行机组训练手册用于提供飞行机组操作手册中程序的支持信息和帮助机组安全、有效完成程序的技巧。

飞行机组训练手册的内容应当源于飞行机组操作手册的程序和飞行操作。飞行机组训练手册应当至少包括如下内容:

1)一般信息:包括与具体的飞行阶段和机动飞行操作无关的程序和技术(如驾驶舱资源管理、设备的使用和其他技术信息等)。

2)地面运行:在地面运行期间建议的操作和技术,例如飞行前、起飞简报、退出和拖行、发动机起动、地面滑行等。

3)起飞和起始爬升:在起飞和起始爬升阶段建议的操作和技术,例如正常起飞、侧风起飞、减推力起飞、低能见度下起飞、起飞区域的长度、中断起飞的决断、起始爬升、发动机故障下的起飞等。

4)爬升、巡航、下降和保持:在爬升、巡航、下降和保持阶段建议的操作和技术,包括各种限制、速度、特殊情况的处置等。

5)近进和复飞:在近进和复飞阶段建议的操作和技术,包括各类近进和复飞的情况。

6)着陆:在着陆阶段建议的操作和技术,如着陆形态和速度、目视和仪表近进的指示、改平和接地、着陆滑跑、侧风着陆等。

7)机动:对各种机动飞行建议的操作和技术,例如快速下降、失速恢复、深度转弯等。

8)非正常运行:在各种非正常运行情况下建议的操作和技术。

第8章 机载电子硬件适航审定技术

8.1 机载电子硬件基本概念

电子硬件单元通常包括外场可更换单元、印制电路板（Printed Circuit Board，PCB）组件、用户微编程元件、集成技术元件、商用货架产品等。目前常用的机载电子硬件包含用户微编码器件（Field Programmable Gate Array，FPGA/Complex Programmable Logic Device，CPLD）、专用集成电路（Application Specific Integrated Circuit，ASIC）、非程序元器件和电路板组件。其中用户微编程器件和专用集成电路基于其功能的复杂性，又可分为简单电子硬件和复杂电子硬件，并且在复杂电子硬件的开发中可能使用商业货架知识产权（Commercial Off The Shelf - Intellectual Property，COTS - IP），下面讨论的是复杂电子硬件。

随着科学技术的发展，复杂电子硬件在民用飞机飞行控制系统、综合航电系统等安全关键系统中的应用越来越广泛，尤其是客户化的复杂微编码器件，这给民用机载电子产品的设计和适航审定均带来了挑战，目前工业界已经形成了针对此类复杂电子硬件的相应规范和标准。

复杂电子硬件设计的复杂度不亚于基于微处理器控制的安全关键系统软件设计的复杂度，因此，随着硬件复杂度的提高，由硬件设计错误带来的负面影响已经越来越难以控制。为了降低这种可预见的风险，必须通过一些标准的和可验证的方式，来证明在设计和审定过程中这些潜在的硬件设计错误能够被消除。

简单电子硬件通常不需要通过代码注入，可直接通过设计确定性测试与分析用例，通过穷举测试的方法，测试出在所有可预期的条件下，电子硬件能够正确工作而不产生异常行为，因此无须采用其他设计保证方法进行开发和验证，本节重点关注的复杂电子硬件指复杂微编码器件，即 FPGA、PLD 以及 ASIC 的开发及适航审定方法。

8.2 机载电子硬件相关的指南与标准

为了解决复杂电子硬件中潜在的安全性隐患问题，美国航空无线电委员会（Radio Technical Commission for Aeronautics，RTCA）和欧洲民用航空设备组织（European Organization for Civil Aviaiton Equipment，EUROCAE）联合制定了可以作为表明机载电子硬件符合性方法的机载电子硬件设计保证指南。RTCA 于 2000 年 4 月 19 日经 RTCA 程序管理委员会批准发布 DO‐254 标准,即机载电子硬件设计保证指南,而 EUROCAE 将其编号为 ED‐80。

FAA 在 2005 年 6 月发布了 AC‐20‐152,该咨询通告正式宣布 FAA 将 DO‐254 标准作为 FPGA、PLD、ASIC 等复杂用户微编码器件获得批准的一种可接受的符合性方法。FAA 于 2022 年 10 月 7 日发布了咨询通告 AC‐20‐152A,并废止了原 2005 年发布的 AC‐20‐152。FAA 还同时发布了 AC‐00‐72 作为一个 DO‐254 最佳实践用以解释和说明 AC‐20‐152A 中提出的要求和目标。

DO‐254 作为机载电子硬件的设计保证方法,已广泛应用于商用航空电子硬件项目中,FAA 为了协助适航审查部门、委任工程代表(Designated Engineering Representative, DER)和申请人高效地开展满足 DO‐254 的机载电子硬件审查活动,于 2008 年发布了机载电子系统硬件审查工作辅助文件,EASA 也发布了类似文件作为指导电子硬件审查的工作指南。

目前,CAAC 关于接受 DO‐254 作为软件符合性表明的咨询通告正在修订当中,除咨询通告等相关文件外,CAAC 在审查具体项目的过程中也会发布问题纪要,例如众所周知的 C919 飞机,局方在审查过程中就颁布了《C919 飞机机载系统和设备中的可编程电子硬件器件》其中明确了将 DO‐254 作为复杂电子硬件审查基础和符合性方法。

8.3　电子硬件开发与系统开发之间的关系

电子硬件与系统开发之间的关系如图 8‐1 所示。

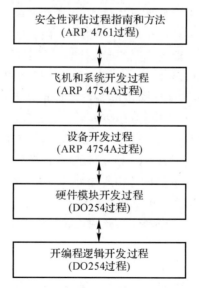

图 8‐1　电子硬件与系统开发之间的关系

8.3.1　电子硬件研制保证等级

ARP 4754A 明确了机载系统研发流程，但并不包括电子硬件。RTCA DO－254 中明确了电子硬件的研发流程。美国联邦航空局、欧洲航空安全局通过咨询通告认可了这部标准，申请人可采用此标准作为客户化可编程逻辑器件对适航要求的符合性方法。对于 FPGA 的开发，需要先按照 ARP4754A 流程向 FPGA 分配设计保证等级（Design Assurance Level, DAL），再按照 DO－254 中对应的 DAL 等级进行电子硬件开发。

8.3.2　FPGA 设计保障等级分配

FPGA 设备的研制保证等级是在系统和设备层级开展 ARP 4754A 的过程中分配所得，在系统和设备层级进行迭代开展 ARP 4754A 时，形成了设备初步架构，明确了软/硬件组成，根据系统架构中各成员承担的功能对飞机失效状况的贡献，确定各系统功能的功能研制保证等级（Function Design Assurance Level, FDAL）以及实现这些功能软件和电子类硬件的研制保证等级（Item Design Assurance Level, IDAL）。FDAL 和 IDAL 的分配是一个自上而下的过程。首先，再据飞机级功能产生飞机级功能危害分析（Function Harzard Analysis, FHA），形成飞机级的 FDAL；其次，由飞机级 FHA 及初步飞机安全性评估作为系统级 FHA 的输入，分配系统级/子系统级 FDAL；最后，将 FDAL 分配给用于实现相应功能的电子硬件或软件，形成 IDAL。

8.4　电子硬件适航介入审查

8.4.1　工程评审

类似于软件工程化评审，电子硬件工程化评审，通常是由主机针对其供应商所发起的评审活动，对于需要随机取证的复杂电子硬件，主机所一般会针对供应商电子硬件生命周期的各个阶段开展相应的工程评审活动，包括硬件计划阶段评审（Program Progress Review, PPR）、硬件概要设计阶段评审（Preliminary Design Review, PDR）、硬件详细设计阶段评审（Critical Design Review, CDR）、硬件测试准备阶段评审（Test Readiness Review, TRR）和硬件总结阶段评审（Hardware Conclusion Review, HCR）等，一般主机会要求供应商在开展工程评审之前，由供应商先自行开展内部工程化评审，通过工程化评审：一方面，可以实现主机对于关键电子硬件及其需求、设计、实现和验证过程的监控；另一方面，由于电子硬件和系统的密切关系，电子硬件工程评审都将与相应的型号级或系统级评审相协调进行。

PPR 评审的目标是确定电子硬件计划过程以及生成的生命周期数据（计划、标准等文件）是否满足 DO－254 的目标，从而确保必要和正确的计划文件已到位，能够指导和支持后续的软件开发活动。

PDR 评审的主要目的是确认分解的电子硬件需求是否符合相应系统需求和约束条件，确认电子硬件设计概念是否明确、是否存在设计缺陷，识别哪些方面需完善，可编程逻辑开发状态是否准备好进入详细设计阶段。

CDR 评审的具体目标是确认可编程逻辑架构和 HDL 编码是否符合可编程逻辑需求及设计约束,包括综合布局布线约束等。

TRR 评审的目标是评判需求、设计、功能仿真、时序仿真、物理测试等数据等是否已充分完成,并可支持后期产品验证试验。TRR 完成后即可开始正式可编程逻辑测试。

HCR 评审的目标为,供应商应向主机所证明所有符合 DO‐254 要求及符合其他审定要求的活动均已完成,并可用于提交审查方进行最终合格审定。

8.4.2　适航介入审查

民用飞机机载电子硬件适航介入审查,是指局方对复杂电子硬件开发的审查活动,电子硬件阶段性介入审查(Stage of Involvement,SOI)由美国 FAA 提出,FAA 发布的简单和复杂电子硬件认证指南(Simple and Complex Electronic Hardware Approval Guidelines),作为机载电子硬件适航审查程序指南文件,用于指导开展电子硬件审查工作。其中规定了电子硬件审查阶段、各阶段审查所需要的审查的数据、各阶段审查的评价准则。该指南规定了局方介入民用飞机机载电子审查的四个审查阶段(见表 8‐1),分别为:SOI♯1,计划审查;SOI♯2,需求审查;SOI♯3,设计和验证审查;SOI♯4,批准审查。

表 8‐1 分别从介入时机、评审目的、评审数据三个方面概括了每个阶段介入审查的数据,给出了局方通常在各介入审查时的重点关注数据,具体项目的介入时机和评审数据根据项目的整体研制进度、项目的等级以及局方对研制方的置信度,可能存在较大差异。

FAA 于 2004 年就发布指南用于指导 FAA 审查人员和 DER 开展基于 DO‐254 的电子硬件符合性审查活动,同时提出了明确的介入审查各阶段的检查单,值得注意的是,该文件并非强制性要求文件。

目前,各主制造商在开展 SOI 内审的时候同样也是通过参考指南来了解局方审查的一般方法和流程,将指南检查单再传递给其供应商或其子供应商,实现检查标准的自上而下的一致性。CAAC 在审查时也会参考指南检查单开展,但不会完全照搬,而是会结合型号研制实际情况,对检查单进行裁剪和补充,形成具体型号相关的电子硬件的审查策略。

机载可编程逻辑适航介入审查关注的重点是:可编程逻辑是否实现了系统、硬件分配的预期功能;可编程逻辑是否满足运行的硬件环境或系统对其性能的要求;可编程逻辑可靠性满足系统安全性评估对其要求。

表 8‐1　局方计入电子硬件审查情况

硬件介入审查	介入时机	评审目的	评审数据
SOI♯1	大部分的计划和标准已完成并且经过评审	确定硬件计划和标准文件定义的活动和方法是否能够用来满足 DO‐254 的目标,降低开发出不符合 DO‐254 目标或其他适航准则的硬件产品的风险	硬件合格审定计划、硬件开发计划、硬件确认计划、硬件验证计划、硬件构型管理计划、硬件过程保证计划、硬件需求标准、设计标准、编码标准、过程记录数据

续表

硬件介入审查	介入时机	评审目的	评审数据
SOI♯2	超过75%的硬件设计数据完成并经过评审	通过检查硬件设计过程产生的生命周期数据,评估计划和标准文件在设计过程的执行	硬件需求规范、硬件设计说明、硬件HDL代码、过程记录数据
SOI♯3	超过75%的确认和验证数据已经完成并经过评审	确保衍生需求被标识和记录,是完整和正确的,且系统安全性评估过程评估了硬件的衍生需求; 评估验证计划和程序的有效性和执行情况,确保硬件需求、设计、实现和集成被验证。	硬件测试用例和程序; 硬件仿真用例和程序; 硬件测试报告; 硬件仿真分析报告;过程记录数据
SOI♯4	硬件验证已完成,符合性评审已完成,硬件产品已发布	确定最终硬件产品与DO-254目标的符合性;确保所有硬件生命周期活动已完成,并完成了硬件符合性评审	硬件构型索引、硬件环境构型索引;硬件完成总结过程记录数据

8.4.3 适航介入审查与工程审查的差异

适航介入审查与工程审查存在以下不同。

(1)发起人不同。

适航介入审查由局方发起,而工程审查由主机发起。

(2)审查目标不同。

适航介入审查的目的是表明机载软件开发过程对于适航条款的符合性,然而,工程评审的目的是监控软件的开发过程,确保需求的正确传递,以及系统活动与软件开发的协调开展。

(3)时机不同。

工程评审时机是与供应商共同确定的,在该项阶段工作完成后,即刻开展工程评审,以监控机载软件开发过程;而适航介入审查一般滞后于工程审查,其时机由局方根据型号当前阶段整体成熟度决定。一般情况下,适航介入审查和工程评审的时机差异如图8-2所示。

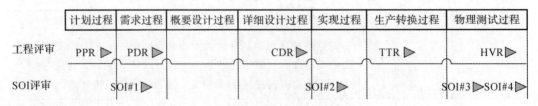

图8-2 复杂电子硬件适航介入审查与工程评审的时机差异

8.5　电子硬件生命周期过程

8.5.1　基于 DO‐254 的电子硬件生命周期定义

DO‐254 将电子硬件生命周期过程划分为计划过程、设计过程和综合过程,如图 8‐3 所示。计划过程定义并协调硬件设计活动和支持活动,通常在电子硬件工程活动初期进行。设计过程是电子硬件生命周期的核心,在这个阶段会生成设计数据并产生电子硬件产品。综合过程包括确认与验证过程、质量保证过程、构型管理过程、适航联络过程,综合过程的活动贯穿于整个电子硬件生命周期,用于确保硬件设计生命周期及其输出数据的正确性和构型可控性。

液压电控单元硬件开发遵循 DO‐254 标准。硬件生命周期过程包括硬件计划过程、硬件设计过程和硬件支持过程。硬件计划过程定义硬件周期的全部活动,产生指导硬件开发过程和综合过程的硬件计划和标准。硬件设计过程包括硬件需求捕获过程、硬件概要设计过程、硬件详细设计过程、硬件实现过程和硬件生产转换过程。硬件支持过程包括硬件验证过程、硬件构型管理过程、硬件质量保证过程和适航联络过程,用于在开发过程中提供硬件验证、构型管理、质量保证及适航联络活动。这些过程贯穿开发过程始终,为开发过程提供支持。下面以 FGPA 为例,介绍复杂电子硬件生命周期过程。

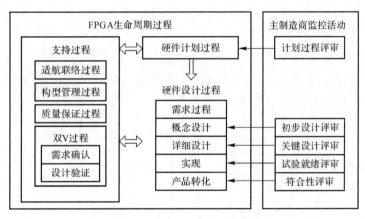

图 8‐3　FPGA 生命周期过程及主制造商监控活动

8.5.2　电子硬件计划过程

电子硬件计划过程产生指导硬件开发过程和集成过程的硬件计划和标准,确定项目资源和人员职责,定义项目开发过程和集成支持过程的活动,以及对项目其他考虑的说明。

(1)输入。

硬件需求规范,初步系统安全性评估报告。

(2)活动。

硬件计划过程的活动包括:

1)定义硬件开发过程和综合过程的所有活动。

2)确定硬件生命周期,包括过程之间的内部关系、执行的顺序、反馈制度和转换准则。

3)选择并定义硬件生命周期环境,包括每一个硬件生命周期过程活动的方法和工具。

4)编制硬件计划。

硬件计划过程的目标包括:

1)定义硬件设计生命周期的过程。

2)选择或定义硬件开发和验证环境。

3)向认证机构提供符合硬件设计保证目标的方法,包括使用 DO-254 第 2.3.4 节的指南确定的策略。

(3)输出。

1)电子硬件合格审定计划。

2)电子硬件设计计划。

3)电子硬件确认与验证计划。

4)电子硬件质量保证计划。

5)电子硬件构型管理计划。

6)电子硬件需求标准。

7)电子硬件编码标准。

8)电子硬件设计标准。

8.5.3　电子硬件开发过程

按照基于 DO-254 的电子硬件生命周期模型,电子硬件开发过程包括电子硬件需求过程、电子硬件概要设计过程、电子硬件详细设计过程、电子硬件实现过程、电子硬件生产转换过程,FPGA 设计流程如图 8-4 所示。

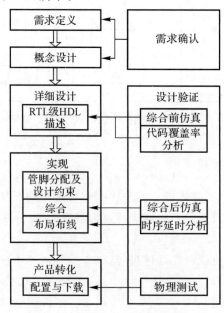

图 8-4　FPGA 设计流程

硬件开发过程包括：

1)硬件需求捕获过程。

2)硬件概要设计过程。

3)硬件详细设计过程。

4)硬件实现过程。

5)硬件生产转换过程。

(1)电子硬件需求过程。

可编程逻辑需求捕获过程的目标为：

基于硬件模块需求分配得到可编程逻辑顶层需求,转化分解形成可编程逻辑需求规范,在需求定义过程中产生的派生需求应反馈给硬件开发及安全性评估过程;发现的上层需求遗漏和错误提供给硬件模块开发过程,并与上层硬件团队达成一致。

1)输入。需求过程的输入包括硬件模块需求规范、设计方案,可编程逻辑需求标准,电子硬件,设计计划。

2)活动。需求定义过程包含下列活动。

a)需求的捕获和定义。从模块硬件需求规范中识别、定义出模块可编程逻辑需求,作为可编程逻辑设计的输入,输入的需求应包括功能、性能、接口等。

b)需求分析。根据模块硬件需求规范中要求可编程逻辑应实现的功能和性能要求,结合可编程逻辑工程经验,获得可编程逻辑的需求,识别可编程逻辑需求中包含的派生需求,编写需求规范,将以上需求落实在需求规范文档中。

c)建立追溯矩阵。建立液压电控单元模块可编程逻辑需求规范到液压电控单元模块硬件需求规范的追踪矩阵。

d)将需求定义过程中产生的派生需求反馈给硬件模块工程师和安全性工程师,如果该派生需求确属于硬件模块需求规范未描述清楚的需求,那么需要按照构型管理规定,提交问题报告单,由硬件模块工程师对硬件需求规范进行更改,若确为派生需求,由安全性工程师进行安全性评估。

e)若发现硬件需求规范的遗漏或错误,可编程逻辑工程师需要按照构型管理规定,提交问题报告单,由硬件模块工程师对硬件需求规范进行更改。

f)对形成的可编程逻辑需求规范进行同行评审,并完成签署、受控。

g)开展对派生需求的确认活动。

3)输出。需求定义过程的输出包括可编程逻辑需求规范、需求追溯矩阵(可编程逻辑需求规范到模块硬件需求规范)、派生需求确认记录、构型管理记录、同行评审记录。

(2)电子硬件概要设计过程。

可编程逻辑概要设计过程的目标是:基于需求定义过程输出的可编程逻辑需求规范,进行可编程逻辑架构设计,确认可编程逻辑的功能模块及其互联关系,识别设计过程中的衍生需求,将逻辑需求分配至各功能模块,为可编程逻辑编码提供基础。概要设计活动中若发现可编程逻辑需求的遗漏或错误,需向上一层反馈,并达成一致。

1)输入。概要设计过程的输入有可编程逻辑需求规范和可编程逻辑设计标准(B级及以上要求)。

2)活动。可编程逻辑概要设计过程活动如下：

a)逻辑器件选型：根据可编程逻辑需求估算逻辑实现所需的硬件资源，结合芯片封装、速度等级、温度等级、功耗等因素，支持上层级硬件模块进行可编程逻辑器件选型。根据可编程逻辑功能或性能需求等，结合先前设计经验，估算出所需的逻辑单元、用户输入/输出、存储器以及时钟资源或其他专用资源等，再基于逻辑资源评估结果，综合考虑逻辑器件选型相关因素，如性能考虑、电器特性考虑、应用环境及可获得性、开发技术积累等考虑因素，综合进行器件选型。

b)架构设计：架构设计重点在于分析可编程逻辑的功能，划分逻辑功能模块并建立各功能模块之间的连接关系，确定可编程逻辑架构。通过对逻辑功能开展分析、分解及重组，划分逻辑功能模块，并将逻辑需求分配至各功能模块，形成各功能模块的功能需求；再根据各功能模块的功能要求，分析逻辑内部数据流的走向，确定各功能模块间的交互数据及时序关系，确定逻辑架构。

c)IP评估与选择：评估是否直接采用COTS-IP或者自行开发，根据逻辑设计的复杂度、开发团队技术基础、项目开发周期、IP的可获得性等进行评估，若计划采用市场已有的CTOS IP，则结合功能性能等因素评估选择适合的CTOS-IP。

d)编写概要设计方案：根据逻辑器件选型、架构设计、IP评估的结果，编写概要设计方案。对于研制保证等级为A/B级的可编程逻辑，应建立可编程逻辑需求与概要设计之间的关系。

e)开展同行评审：在概要设计阶段的验证活动主要为同行评审，概要设计同行评审关注点在于，评审可编程逻辑架构、功能模块划分、模块之间的接口是否满足可编程逻辑需求，以及概要设计方案的可行性。

3)输出。输出可包括以下内容：可编程逻辑设计方案，可编程逻辑资源评估报告，可编程逻辑器件选型报告，COTS-IP选择及评估报告，可编程逻辑设计方案与可编程逻辑需求之间的追溯矩阵，同行评审记录，质量保障(Quality Assurance，QA)记录，构型管理纪录。

(3)电子硬件详细设计过程。

详细设计的目的是基于可编程逻辑初步设计方案，开展可编程逻辑各功能硬件描述语言(Hardware Description Language，HDL)编码，以及功能仿真、时序分析等验证活动，确保可编程逻辑代码实现预期的功能。

1)输入。过程的输入有可编程逻辑设计方法、HDL编码标准。

2)活动。过程的活动有：

a)功能模块详细定义：开展详细设计对各功能模块进行详细说明，包括地址分配、接口信号详细定义、时序说明以及详细实现方式等，形成可编程逻辑设计说明。建立设计说明与需求规范之间的追踪矩阵；将详细设计中产生的派生需求、发现的需求遗漏或错误反馈给硬件模块工程师。基于可编程逻辑设计方法，根据功能模块的详细设计，编制可编程逻辑设计规范，描述各逻辑模块的实现方式，应达到能够根据其进行编码的程度。

b)可编程逻辑编码：遵循编码标准和设计标准，依据设计说明进行HDL编码，建立HDL代码与设计说明之间的追踪矩阵，将编码过程中产生的派生需求、发现的需求遗漏或错误反馈给硬件模块工程师。

c)设计验证活动：

——同行评审：对可编程逻辑详细设计文档进行同行评审。

——功能仿真：根据可编程逻辑确认与验证计划，可编程逻辑需求规范，结合逻辑详细设计，对每个模块的 HDL 代码进行功能仿真和代码规则检查，完成可编程逻辑测试计划（测试说明）。

——时序延时分析。

3)输出。过程的输出有可编程逻辑设计规范，HDL 代码，追溯矩阵（可编程逻辑设计说明与可编程逻辑需求规范之间的追踪矩阵，HDL 代码与可编程逻辑设计说明之间的追溯）。

(4)电子硬件实现过程。

生成可编程逻辑的编程文件。

1)输入。计划过程的输入有可编程逻辑设计说明、可编程逻辑源代码。

2)活动。计划过程的输入有：

a)约束文件定义。根据可编程逻辑需求规范、可编程逻辑设计标准和可编程逻辑设计说明，完成可编程逻辑的综合和布局布线的约束。综合约束包括编译模式、综合方式、综合目标、优化选项等。

布局布线约束，包括物理约束、时序约束，指导布局布线工具通过调整可编程逻辑器件内部逻辑单元的布局布线来满足设计要求。最终可形成单独的综合及布局布线约束文件，也可在逻辑综合和布局布线工具中设置相应的约束项。

b)可编程逻辑综合。功能仿真通过后，基于设定的约束对 HDL 代码进行逻辑综合，使用综合工具进行逻辑综合，将寄存器传输（Register Transfer Level，RTL）级电路描述转换为可编程逻辑器件中的逻辑资源，生成综合后的网表文件，并对综合结果进行分析；

c)进行布局布线。使用布局布线工具进行布局布线，在约束条件下将综合后逻辑电路网表合理地配置到逻辑器件内的具体资源位置上，形成布局布线后的网表文件。

d)实现验证活动。

同行评审：对可综合和布局布线约束文件进行同行评审。

静态时序分析：对布局布线产生的网表文件进行静态时序分析，评估布局布线后的逻辑时序是否满足时序要求（时钟频率、建立时间、保持时间等），即设计可以安全运行在给定时钟频率下且没有时序违例。

将生产转换过程中发现的需求遗漏或错误反馈给上层硬件模块开发过程；形成液压电控单元硬件构型索引。

3)输出。逻辑综合和布局布线约束文件，布局布线产生的网表文件。

(5)电子硬件生产转移过程。

生产转换过程的目标是：该阶段通过编程器将布局布线后的配置文件下载至可编程逻辑器件中，对其硬件进行编程。产品转化后会将可编程器件集成到电路板上进行物理测试，以保证可编程器件能够按照之前分配的功能进行逻辑处理。

1)输入。布局布线产生的网表文件。

2)活动。

a)生成编程文件。基于布局布线产生的网表文件，使用逻辑烧录工具，根据逻辑器件配置方式和外部配置芯片类型,生成最终用于逻辑芯片固化的编程文件。

b)编写可编程逻辑生成和加载程序。描述可编程逻辑编程文件的生成和加载方法,按照生成和加载程序生成编程文件并加载到目标可编程逻辑中;将生产转换过程中发现的需求遗漏或错误反馈给上层硬件模块开发过程;形成液压电控单元硬件构型索引。

c)生产转换过程验证。

同行评审:对可编程逻辑生成和加载说明进行同行评审,确保可编程逻辑固化方法和步骤满足设计要求。

物理测试:基于可编程逻辑需求,定义物理测试用例和测试程序,建立测试用例和测试程序与可编程逻辑需求之间的追溯关系,搭建测试环境,按照"可编程逻辑生成和加载说明",将可编程逻辑加载到可编程逻辑器件中,开展基于需求的物理测试。

3)输出。可编程逻辑生成和加载说明,可编程逻辑物理测试用例、程序,可编程逻辑物理测试报告,追溯矩阵(可编程逻辑需求与可编程逻辑物理测试用例和程序之间的追溯)。

8.5.4 电子硬件综合过程

电子硬件综合过程包括确认与验证过程、硬件构型管理过程、硬件质量保证过程、硬件适航联络过程。电子硬件综合过程贯穿于整个电子硬件开发过程。

(1)电子硬件确认与验证过程。

确认过程的目的在于通过客观的和主观的过程相结合的方法,保证派生的需求相对于分配给硬件项的系统需求是正确的和完整的。确认可以在硬件项可用之前或之后进行,然而,在一般情况下,确认在整个设计生命周期中进行。派生需求确认主要采用评审的方法。

验证过程的目的是保证硬件产品满足其需求,验证方法包括在验证计划中定义的评审、分析和测试。验证过程应包含对结果的评估。已验证过的构型的更改,可以通过相似性、分析、新设计的测试或重复进行部分原有的验证等方法重新验证。

硬件确认和验证过程内容包括:

1)硬件计划过程。计划文档同行评审:采用同行评审的方法,对硬件计划文档进行验证。

2)硬件需求评审。采用同行评审对硬件逻辑需求进行评审,并对派生需求进行确认。

3)硬件概要设计过程。概要设计评审:采用同行评审的方法对设计说明进行验证。

4)硬件详细设计过程。电子硬件代码评审:采用工具静态分析和人工检查的方式开展,其中静态分析是指使用代码规则检查逻辑代码对编码标准的符合性,人工检查则采用代码检查单的形式进行。功能仿真:进行源代码级仿真,不包含时延信息。代码覆盖率分析:分析电子硬件覆盖率。静态时序分析:对布局布线后的时序报告进行分析,找出是否存在时序违例。

5)硬件实现过程。硬件布局布线评审:采用同行评审的方式进行。时序仿真:进行网表级仿真,仿真对象为布局布线后的网表文件和时延文件。

6)基于需求的物理测试。实物测试:在真实目标机环境下验证需求是否得以正确实现。

(2)电子硬件构型管理过程。

硬件构型管理过程是贯穿整个开发过程的一个综合过程,目标是对硬件构型项及文档的变更提供系统化的管理,确保其可追溯性。完整的构型管理具备构型标识、构型控制以及构型审计等基本要素。其中构型控制是构型管理的核心,包括基线管理、构型库管理、构型更改控制等关键内容。

（3）电子硬件质量保证过程。

过程保证的目的是保证液压电控单元的开发与集成过程按照局方已批准的计划/标准执行。QA 负责本过程的活动,QA 直接向质量管理部门汇报过程保证工作,独立于项目研发团队。

过程保证方法有过程审计、产品审计、过程转换评审、符合性审计等。

过程审计的目的是确定项目特定阶段相关的计划、开发、验证,以及构型管理过程活动是否满足计划的要求,包括满足质量体系和国家有关标准的要求。

产品审计是过程审计中的一项重要内容,主要针对计划、开发和验证过程产生的工作产品进行审计。审计的目的是检查工作产品与计划,从而确保工作产品的质量。图纸的规范性由校对人员负责。

符合性评审的目的是确定作为合格审定一部分的软件产品、设备或系统,其生命周期过程是否完整、生命周期数据是否完整且受控。

（4）电子硬件适航联络过程。

本项目适航联络过程的目标是在整个硬件生命周期过程中,向局方提供硬件合格审定计划和相关硬件生命周期数据,配合局方进行液压电控单元的适航审定。适航联络过程的活动包括:

1）在计划阶段,配合主机向局方提交硬件合格审定计划、硬件确认和验证计划。

2）协调项目组相关人员解决局方对计划评审后提出的修改意见。

3）配合主机获取局方对硬件合格审定计划、硬件确认和验证计划的认可。

4）配合主机向局方提交硬件完成总结和硬件构型索引。

5）配合主机向局方提供要求的符合性证明。

6）协调项目组相关人员解决局方对硬件数据评审后提出的修改意见。

7）配合主机向局方完成电子硬件 SOI♯1－4 审查工作。

8.6　电子硬件生命周期数据

电子硬件生命周期数据见表 8－2。

表 8－2　电子硬件生命周期数据

DO－254	硬件生命周期数据	受控类型	是否提交局方
10.1	电子硬件计划		
10.1.1	电子硬件合格审定计划	HC1	S
10.1.2	电子硬件设计计划	HC2	A

续表

DO-254	硬件生命周期数据	受控类型	是否提交局方
10.1.3 10.1.4	电子硬件确认与验证计划	HC2	S
10.1.5	电子硬件构型管理计划	HC1	A
10.1.6	电子硬件过程保证计划	HC2	A
10.2	电子硬件设计标准		
10.2.1	电子硬件需求标准	HC2	A
10.2.2	电子硬件设计标准 电子硬件编码标准	HC2	A
10.2.3	电子硬件确认和验证标准	HC2	A
10.2.4	电子硬件归档标准	HC2	A
10.3	电子硬件设计数据		
10.3.1	电子硬件需求规范	HC1	A
10.3.2.1	电子硬件初步设计说明	HC2	A
10.3.2.2	电子硬件详细设计说明	HC1	A
	电子硬件可编程代码	HC1	A
	电子硬件加载文件	HC1	A
10.3.2.2.1	电子硬件构型索引,含控制器接口 (Host Embedded Controller Interface,HECI)	HC1	S
10.3.2.2.2	硬件装配图	HC1	A
10.3.2.2.3	液压电控单元安装控制图	HC1	A
10.3.2.2.4	液压电控单元软硬件接口文档	HC1	A
10.4	硬件确认和验证数据		
10.4.1	液压电控单元硬件追踪数据	HC2	A
10.4.2	评审程序	HC1	A
10.4.3	液压电控单元硬件评审记录	HC2	A
10.4.4	液压电控单元硬件调试程序 液压电控单元可编程逻辑测试程序	HC1	A
10.4.5	液压电控单元硬件测试记录 液压电控单元可编程逻辑测试结果	HC2	A
10.5	液压电控单元验收测试程序	HC2	A
10.6	液压电控单元硬件问题报告	HC2	A
10.7	液压电控单元硬件构型管理记录	HC2	A

续表

DO-254	硬件生命周期数据	受控类型	是否提交局方
10.8	液压电控单元硬件过程保证记录	HC2	A
10.9	液压电控单元硬件完成总结	HC1	S

8.7 电子硬件开发过程其他考虑

电子硬件开发过程中的其他考虑包括产品服务经验、是否包含COTS产品、外场可加载软件、是否对用户可更改的可编程逻辑、工具鉴定、偏离处理等情况进行说明,并采取相关处理措施,如采用自动化验证工具,则应提供工具鉴定证据。电子硬件的其他考虑区别软件的重点关注项是COTS产品,如果采用的可编程逻辑器件包含COTS IP,那么应该进行相应的管理。

第9章 机载软件适航审定技术

9.1 机载软件基本概念

随着机载系统高度集成化,机载嵌入式系统软件占比越来越大,通常应用于飞控系统、航电系统等安全关键系统中的软件被称作安全关键软件。随着安全关键软件在民机机载系统中的广泛应用,对机载嵌入式软件的开发和适航审定提出了更高的要求。

9.2 机载软件相关的指南与标准

RTCA DO-178 系列标准是由美国的航空无线电技术委员会(RTCA)所提出的一个航空工业的软件标准,标准名为机载系统设备取证的软件考虑(Software Considerations in Airborne Systems and Equipment Certification)。它的第一个正式版本发布于 1982 年,到 1992 年,经过多个行业联合的综合性更新,发布了 DO-178B(欧洲发布版本为 ED-12B)。该标准也就是当前我国在航空业界所应用的版本,它是为了支持含有数字计算机的机载系统和设备的研制工作而开发的软件开发过程中应遵循的准则,适用于民用飞机机载系统软件的开发和合格审定,2011 年以后又发表 DO-178C。

RTCA DO-248C 作为 DO-178C 以及 DO-278A 的补充文件,于 2022 年 12 月发布,其中对两份标准进行了勘误说明,还对部分常见问题或未说清楚的内容进行解答,帮助读者进一步理解软件开发过程中的重点关注技术以及适航审定考虑。

FAA 在 2021 年 7 月发布了 AC-20-115D《采用 ED-12 和 DO-178 的机载软件开发保证(Airborne Software Development Assurance Using EUROCAE ED-12 和 TRCA DO-178)》,该咨询通告正式通知局方将 DO-178C 标准、DO-330、DO-331、DO-332、DO-333 标准作为机载软件审查的标准,同时将 DO-248C《DO-178 和 DO-278 的支持信息(Supporting Information for DO-178 和 DO-278)》作为支持文件,同时对可持续采用 DO-178B 作为符合性标准的情况进行了说明。FAA 还发布了 AC-00-69《机载软件开发的最佳实践(Best Practice for airborne software Development)》,通过最佳实践的方式,引导使用 DO-178 作为符合性标准。

CAAC 早在 2000 年的时候就发布了《机载系统和设备合格审定中的软件审查方法 AC-21-02》,明确提出了参考工业界 DO-178B 标准开展机载软件审定,将 DO-178B 作为机载软件符合性标准。目前,CAAC 关于接受 DO‐178C 作为软件符合性标准的 AC 正在修订当中。

　　除咨询通告等相关文件外,局方在审查具体项目的过程中也会发布问题纪要,例如 C919 飞机,局方在审查过程中就颁布了《机载系统和设备审定的软件考虑》,其中明确了将 DO‐178B 及其补充 DO‐248 作为软件审查基础和符合性方法。

9.3　软件开发与系统开发之间的关系

　　软件开发与系统开发过程应遵守《民用飞机和系统开发 SAE ARP 4754》过程,用于约束和规范飞机和系统层级的开发过程,SAE ARP 4754A 机载系统开发过程如图 9‐1 所示。

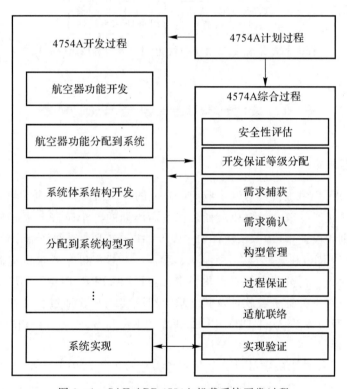

图 9‐1　SAE ARP 4754A 机载系统开发过程

　　飞机分配给系统的需求确定后,就正式进入系统开发过程,系统层级应该根据飞机级功能分配,确定系统的功能,进行系统层级安全性评估,开展系统功能危害度分析,评估系统功能失效对飞机、机组及乘客的影响,输出系统安全性需求;定义系统需求,进行系统体系架构设计;开展初步系统安全性评估。在完成系统层级开发过程之后,结合系统功能再将需求分解到设备层级,将系统安全性需求分配给设备层,在设备层级迭代使用 ARP4754 开发过程,定义设备级需求和架构,并将设备的功能以及安全性需求分配给软硬件,最终迭代形成整体系统架构。

在设备层级迭代 ARP4754A 的过程中,软/硬件层级的构型项划分已经明确,在开展设备层级 PSSA 过程中,将进行软/硬件构型项研制保证等级的分配,确定软/硬件构型项的研制保证等级。各软件构型项基于设备层级的需求输入、研制保证等级将进一步遵循 DO - 178B/C 过程进行软件层级开发活动,系统、设备层级与软/硬件开发过程层级的关系如图 9 - 2 所示。

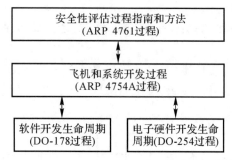

图 9 - 2　系统、设备层级与软/硬件开发过程层级的关系

9.4　软件工程评审与适航审查

9.4.1　工程评审

软件工程评审,是由主机针对其供应商所发起的评审活动,对于需要随机取证的新研和改型开发软件,主机所一般会针对供应商软件生命周期的各个阶段开展相应的工程评审活动,包括软件计划阶段评审(PPR)、软件初步设计评审(PDR)、软件详细设计评审(CDR)、软件测试就绪评审(TRR)和软件符合性评审(SCR)等,一般主机会要求供应商在开展工程评审之前,由供应商先自行开展内部工程化评审,通过软件 PPR、PDR、CDR、TRR 评审:一方面,可以实现主机对于关键机载软件及其需求、设计、实现和验证过程的监控;另一方面,由于软件和系统的密切关系,软件 PPR、PDR、CDR、TRR 和 SCR 都将与相应的型号级或系统级评审相协调进行。

PPR 评审的目标是为确定软件计划过程以及生成的生命周期数据(计划、标准等文件)是否满足 DO - 178B/C 的目标,从而确保必要和正确的计划文件已到位,能够指导和支持后续的软件开发活动。

PDR 评审的主要目的是确认供应商分解的软件高级需求和建议的软件架构是否符合相应系统需求和约束条件,软件开发状态是否准备好进入详细设计。

CDR 评审的具体目标是确认软件的低级需求和设计架构符合软件高级需求,包括功能、性能、安全性等方面;确认软件的低级需求和设计架构是合理的。

TRR 评审的目标是评判需求、设计以及试验数据等是否已充分完成,并可支持后期产品验证试验。TRR 完成后即可开始正式软件测试。

SCR 评审的目标为,供应商应向主机证明所有符合 DO - 178B/C 要求及符合其他审定要求的活动均已完成,并可提交审查方进行合格审定。

9.4.2　适航介入(SOI)审查

民用飞机机载软件适航介入审查,是指局方对软件开发的审查活动,适航介入(SOI)审查由美国 FAA 提出,FAA 发布的 Order 8110.49《软件认证指南 Software Approval Guidelines》作为机载软件适航审查程序指南文件,用于指导开展软件审查工作。其中规定了软件审查阶段、各阶段审查所需要的审查的数据、各阶段审查的评价准则。该指南规定了局方介入民用飞机机载软件审查的 4 个审查阶段,分别为:

SOI♯1——计划审查。

SOI♯2——需求审查。

SOI♯3——设计和验证审查。

SOI♯4——批准审查。

目前,CAAC 在审查时也完全采用 FAA Order 8110.49 的规定,按照 SOI♯1 开展审查,具体情况见表 9-1。

表 9-1　局方介入软件审查情况

软件介入审查	介入时机	评审目的	评审数据
SOI♯1	大部分的计划和标准已完成并且经过评审	确定软件计划和标准文件定义的活动和方法是否能够用来满足 DO-178B/C 的目标,降低开发出不符合 DO-178B/C 目标或其他适航准则的硬件产品的风险	软件合格审定计划、软件开发计划、软件验证计划、软件构型管理计划、软件质量保证计划、软件需求标准、设计标准、编码标准、过程记录数据
SOI♯2	超过 75% 的软件设计数据完成并经过评审	通过检查软件设计过程产生的生命周期数据,评估计划和标准文件在设计过程的执行	软件需求规范、软件设计说明、软件代码、过程记录数据
SOI♯3	超过 75% 的验证数据已经未完成并经过评审	评估验证计划和程序的有效性和执行情况,确保软件需求、设计、编码和集成被验证	软件测试用例和程序; 软件分析用例和程序; 软件测试报告; 过程记录数据
SOI♯4	软件验证已完成,符合性评审已完成,软件产品已发布	确定最终软件产品与 DO-178B/C 目标的符合性;确保所有软件生命周期活动已完成,并完成了软件符合性评审	软件构型索引、软件环境构型索引; 软件完成总结过程记录数据

FAA 于 2004 年就发布了指导文件,用于指导 FAA 审查人员和 DER 开展基于 DO-

178B/C 的软件符合性审查活动,同时提出了明确的介入审查各阶段的检查单,值得注意的是,该文件并非强制性要求文件。

目前,各主制造商在开展 SOI 内审的时候同样也是参考指导文件来了解局方审查的一般方法和流程,将指导文件的检查单再传递给其供应商或其子供应商,实现检查标准自上而下的一致性。CAAC 在审查时也会参考指导文件的检查单,并结合型号研制实际情况,对检查单进行裁剪和补充,形成具体型号相关的软件审查策略。

机载软件适航介入审查关注的重点:软件是否实现了系统分配的预期功能,软件是否满足运行的硬件环境或系统对其性能的要求,软件可靠性满足系统安全性评估对其的要求。

9.4.3 适航介入审查与工程评审的关系

适航介入审查与工程评审存在以下不同。

(1)发起人不同:适航介入审查由局方发起,而工程审查由主机发起。

(2)审查目标不同:适航介入审查的目标是表明机载软件开发过程对于适航条款的符合性;工程评审的目的是监控软件的开发过程,确保需求的正确传递,以及系统活动与软件开发的协调开展。

(3)时机不同:工程评审时机是由主机根据工作说明开展开发活动的,具体时间与供应商共同确定,在该项阶段工作完成后,即刻开展工程评审,以监控机载软件开发过程;适航介入审查一般滞后于工程审查,其时机由局方根据型号当前阶段整体成熟度决定,一般情况下,适航介入审查和工程评审的时机差异如图 9-3 所示。

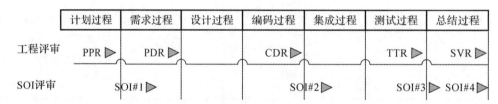

图 9-3 软件适航介入审查与工程评审的时机差异

9.5 软件生命周期过程

9.5.1 基于 DO-178B/C 的软件生命周期定义

软件生命周期是指软件从开始研制到最终被废弃不用的整个过程,在软件生命周期中包含着很多个过程。生命周期的每一个过程都有确定的目标,并产生一定的输出。通过为每个过程选择活动,为活动指定顺序,并为活动分配职责来定义完整的软件生命周期过程,软件生命周期的过程可以是迭代的。

基于 DO-178B/C 的软件生命周期过程包含 3 类过程——计划过程、开发过程和综合过程,如图 9-4 所示。其中开发过程又包含需求过程、设计过程、编码过程、集成过程。综合过程包含验证过程、构型管理过程、质量保证过程、适航联络过程。软件开发过程按照软件开发计划和系统分配给软件的需求进行,一般情况下包括需求、设计编码和集成过程,但不同的软件项目其开发过程不尽相同,同一软件项目中的不同软件构型项也可能采用不同的开发过程,如图 9-5 所示。

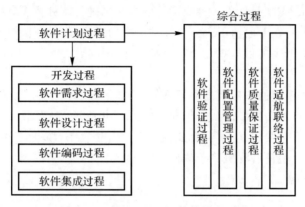

图 9-4　DO-178B/C 软件开发过程

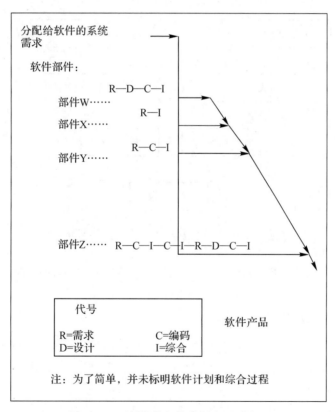

图 9-5　不同软件部件的研发过程定义

值得注意的是,DO-178B/C 中仅仅规定了过程,却并未明确规定软件研制各个子过程之间的顺序以及反馈关系,因此,各个项目团队根据项目实际情况,灵活决定各个软件配置项采用哪种软件生命周期模型,常见的软件生命周期模型有瀑布模型、螺旋模型、V 模型等。

瀑布模型软件生命周期划分为"概念设计—需求分析—架构设计—软件设计—软件编码实现—软件测试"等 6 个阶段,上个阶段的输出必须提交给下一个阶段作为输入。

螺旋模型(Spiral Model)采用一种周期性的方法来进行软件开发,螺旋模型基本做法是在瀑布模型的每一个开发阶段前引入一个非常严格的风险识别、风险分析和风险控制,它把软件项目分解成一个个小项目。每个小项目都标识一个或多个主要风险,直到所有的主要风险因素都被确定。

V 模型是在瀑布模型的基础上发展而来的,但如果只看 V 的左边便能够看出是瀑布模型。因此,V 模型是将瀑布模型进一步细化,如图 9-6 所示,在需求、设计、编码、测试等各个阶段都能够进行对应层级的测试验证,提高了开发效率、降低了开发成本。而 DO - 178B/C 中规定了软件验证过程贯穿于软件开发过程中,因此,V 模型是最贴合 DO - 178B/C 要求的软件开发模型。

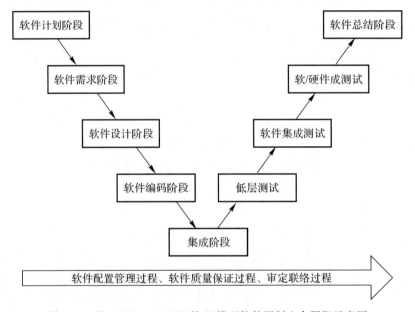

图 9-6　基于 DO - 178B/C 的 V 模型软件研制生命周期示意图

9.5.2　软件计划过程

软件计划过程产生指导软件开发过程和综合过程的软件计划和标准,确定项目资源和人员角色职责,定义项目开发过程和综合过程的活动,以及对项目其他考虑的说明。软件计划过程的目标包括:

(1)基于系统需求和软件等级,定义软件开发过程和综合过程的所有活动。

(2)确定软件生命周期,包括过程之间的内部关系、执行的顺序、反馈机制和迁移准则。

(3)选择并定义软件生命周期环境,包括每一个软件生命周期过程活动的方法和工具。

(4)说明额外考虑。

(5)编制与系统安全性目标相一致的软件标准。

（6）编制软件计划。

（7）协调软件计划的开发和修订。

（1）输入数据。

软件计划过程的输入数据包括设备需求、初步系统安全性评估（PSSA）、功能危害性分析报告（FHA）、系统合格审定计划（Certification Plan，CP）。

（2）活动。

计划过程活动包括以下内容。

分析软件的输入：通过考虑设备物理架构、软硬件接口、系统安全性，以及分配给软件的需求、安全性需求、软件安全等级等输入的分析，明确以下要求。

1）明确软件功能组成、软件构型项分配、软件安全性策略、软件编程语言和编译器、项目范围、进度要求等。

2）明确适航要求，包括审定基础、符合性方法、问题纪要、软件开发保证等级等要求。

3）定义软件生命周期。

定义具体软件配置项的开发过程，包含需求、设计、编码、集成过程，以及各过程的输入和输出；定义软件开发所采用的模型（如采用 V 模型），如图 9-7 所示。

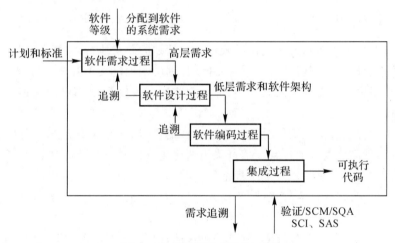

图 9-7　软件配置项开发过程

a）定义开发和综合过程的所有活动；开发过程包括需求、设计、编码和集成过程，综合过程包括验证过程、质量保证、构型管理过程；综合过程贯穿整个软件开发生命周期。

b）定义过程之间的相互关系，包括过程/活动的顺序、过程反馈、过程转换准则；应该明确定义各个子过程之间的反馈关系，如果在开发过程中发现子过程输入存在问题，那么能够明确如何向上层子过程进行问题反馈。

c）定义软件开发过程活动的职责、分配有资格的责任人。

d）识别项目所需要说明的其他考虑。

需要识别出软件项目所需的其他考虑，在合格审定计划中进行说明，如先前开发软件、外场可加载软件、偏离处理流程、符合性替代方法、多版本非相似、COTS 软件使用方法、是否涉及分区、操作系统等，即使这些特性未在本项目中使用也需要逐一列举说明。

1)定义软件生命周期环境。

识别项目所需要的生命周期环境,包括开发工具、验证工具、其他工具、工具使用方法、操作规程、编译器和编程语言。

2)开发软件计划和标准。

编制软件计划和标准是软件计划过程的核心活动,包括软件合格审定计划、软件开发计划、软件验证计划、软件构型管理计划、软件质量保证计划。对于C级及以上软件要求编制标准文档,包括软件需求标准、软件设计标准和软件编码标准。如果使用基于模型的开发方法,还需要增加软件模型开发标准。

软件合格审定计划是计划文档的中心,需要对软件计划过程、软件开发过程、软件验证过程、软件配置管理过程以及软件质量保证过程进行综述;在各个计划中,需要分开对每个过程进行细化说明,包括每个过程的输入/输出、转入/转出准则、过程活动、组织结构与职责、与其他过程之间的反馈关系,使用的环境工具等。

(3)输出数据。

软件计划过程的输出数据包括软件合格审定计划,软件开发计划,软件验证计划,软件构型管理计划,软件质量保证计划,软件需求标准,软件设计标准,软件编码标准。

9.5.3 开发过程

软件开发过程按照计划过程输出的软件开发计划的要求执行,包括软件需求过程、软件设计过程、软件编码过程、软件集成过程。开发计划中明确定义了各个子过程之间的反馈关系。如果某个子过程中发现输入有问题,那么应按照开发计划中约定的反馈方式向上层子过程进行反馈。

软件需求过程通过接收系统分配给平台软件的需求,将系统分配的软件需求进行进一步分解,得到软件高级需求的过程。通过采用结构化分析方法对设备需求、系统结构进行分析分解,结合需求标准形成"软件需求规范"。

软件设计过程以"软件需求规范"为输入,经过对软件需求中定义的软件功能的进一步细化,形成软件设计说明。

软件编码过程以软件开发计划、软件编码标准,以及软件设计过程产生的软件设计说明为输入。当满足规定的转换规则时,进行编码生成源代码。

软件集成过程,通过编码过程形成的源代码,通过编译链接形成可执行目标码加载到目标机中。

通过建立追踪矩阵建立系统需求、软件需求规范、软件设计说明、软件源代码、测试用例、测试规程、测试结果的双向追踪关系。

软件需求和设计过程可能产生派生需求,即不能直接追溯到更高级需求的需求。派生需求应报告综合支持团队以便分析是否对系统安全性产生影响。

(1)需求过程。

软件需求过程的目标是:完成软件需求规范,将产生的派生需求反馈给产品需求,将需求遗漏和错误及派生需求反馈给产品需求。

在软件需求过程中,系统、设备、项目管理和质量部门与软件人员应就系统/设备分配给软件的需求(包括功能、性能、接口、安全性及其他非技术需求)进行分析,保证系统/设备的需求得到充分理解。

软件需求过程中将同时进行初步的软件设计,基于软件的需求产生软件的结构(软件部件),形成软件初步架构。

软件需求过程中发现的系统需求遗漏和错误要反馈给系统研发团队。软件需求应定义清楚,并且可以追踪到系统/设备需求,如果有派生需求需要进行安全评估。

1)输入。需求过程的输入有设备需求规范和 ICD、设备架构描述文档、软件需求标准、软件开发计划。

2)活动。软件需求过程活动包括:

a)软件需求分析。软件需求分析采用结构化分析方法,首先按照需求功能分析方法将系统分配给软件的功能和接口需求,细化分解到软件部件,明确定义各功能部件之间的接口,形成需求以及软件的初步架构。

在软件需求分析过程中,对发现的设备需求中的遗漏或错误,应反馈给产品团队,澄清或更改产品需求;在功能部件激励-响应分析过程中,对发现的功能部件功能划分、输入、输出中存在的遗漏或错误,应澄清或纠正;对产生的派生需求,应以书面形式报告系统工程师,由系统工程师和安全性工程师对派生需求的安全性进行分析。

b)编写软件需求规范。参照需求标准、定义软件需求属性,编写软件需求规范可使用需求管理工具(如 DOORS),将需求分析产生的需求逐条录入需求管理系统;需求属性通常包括需求标识、需求正文、需求类型、是否派生、验证方法、派生理由、需求追溯等。

c)建立需求追踪矩阵。需求来源就是用来建立需求与上层需求之间的追溯关系的,如果是直接需求,那么必须追溯到上层需求条目,如果是派生需求,那么无须建立与上层需求的追溯关系,可在需求管理工具中建立设备需求到软件需求工具的追溯关系。

d)软件初步架构设计。软件初步架构设计阶段针对每个配置项,输出其初步软件架构设计。

3)输出。

需求阶段的输出为软件需求规范、需求追踪矩阵。

(2)设计过程。

软件设计过程的目标是:

1)根据软件需求规范完成软件详细设计(低层需求)。

2)若有派生需求,必须按照 DO‐178B 要求,对派生需求进行定义,并将派生需求反馈给系统过程和系统安全性分析过程,进行安全性评估。

软件设计过程的目标是根据高层需求完成软件详细设计(低层需求)。软件设计过程进一步完善初步设计出来的软件部件,把软件高层需求分配到这些软件部件中,每个功能将设计成层次结构的部件,并描述部件调用顺序及其数据和控制流,并进一步细化每个部件的组成单元、单元接口、单元限制和使用条件、算法和数据结构,形成软件设计说明文档。

1)输入。软件设计过程的输入为软件需求规范和软件设计标准。

2)活动。软件设计过程的活动包括:

a)基于软件需求开发软件的详细设计,定义出软件的顶层部件、部件层次结构,完成软件需求在这些部件中的分配,定义部件之间的接口,形成软件的架构设计(软件设计说明的架构设计部分)。

b)定义部件单元的接口、数据流和控制流、单元限制和使用条件、算法和数据结构,完成软件的详细设计,即软件设计说明的详细设计部分。

c)软件详细设计属于软件低层级需求,因此也需要遵从软件需求标准,采用需求标准的描述方式进行描述。

d)对软件设计过程中产生的派生需求,应报告设备开发团队,以确保不与高层需求相抵触,建立软件底层需求与软件高层需求之间的追踪关系,建立追溯的方式与软件需求过程类似。

e)将软件设计过程中发现的不恰当或不正确的输入,反馈给相应的过程,软件开发团队对软件高层需求进行澄清或更改。

3)输出。软件设计过程输出软件设计说明和需求追踪矩阵。

(3)编码过程。

软件编码过程的目标是基于软件设计产生软件源代码和库文件。保证所设计产生的源代码正确地实现了软件设计。按照软件设计文档执行软件编码,源代码应实现软件设计并符合软件详细设计。

1)输入。软件编码过程的输入数据包括软件设计文档和软件编码标准。

2)活动。对于软件编码过程中发现的不正确的输入,应反馈给软件需求过程、软件设计过程,由软件团队进行澄清或更改。编码过程进行以下活动:

a)软件编码。按照软件设计文档执行软件编码,源代码应实现软件设计并符合软件详细设计。对于软件编码过程中发现的不正确的输入应反馈给软件需求过程、软件设计过程,由软件团队进行澄清或更改。

b)建立源代码与软件设计之间的追踪关系。

3)输出。软件编码过程的输出数据包括软件的源代码和目标码或库文件,软件源代码与详细设计的追溯矩阵,软件生成和加载说明,软件生命周期环境构型索引。

4)集成过程。软件集成过程的目标是将目标码加载到目标机中。依据软件的构架,将软件源代码编译链接成可执行目标码,利用加载工具将可执行目标码加载到目标机进行运行和调试。

a)输入。软件集成过程输入数据包括软件需求规范和底层需求、软件源代码和目标代码、软件用户手册。

b)活动。软件集成的活动包括从源代码编译链接生成目标码,集成过程中所发现的不恰当或不正确的输入,应反馈给软件团队予以澄清或纠正。

c)输出。软件集成过程的输出包括软件可执行目标码,软件目标码生成和加载程序。

9.5.4 综合过程

软件综合过程包含软件验证过程、软件构型管理过程和软件质量保证过程和软件适航联络过程。软件综合过程的所有子过程贯穿于整个软件开发生命周期。

（1）软件验证过程。

软件验证过程的目标是发现和报告在软件开发过程中引入的错误，保证软件正确、完整地实现了预期的功能，避免有多余的功能。软件验证过程支持软件开发过程，并对软件需求过程、设计过程、编码过程和集成过程的输出进行验证。

软件验证过程的活动包括：

1）软件计划过程验证。采用同行评审的方法，对软件计划过程进行验证。

2）软件需求验证。采用同行评审的方法对软件需求进行验证，确定软件需求是否满足系统需求、需求之间是否协调一致、需求是否清楚无歧义、可验证。

3）软件设计验证。采用同行评审的方法对软件设计文档进行验证，确定软件的架构是否符合软件需求规范、软件底层需求是否符合软件需求规范、软件架构和底层需求是否协调一致、数据/控制流和算法是否准确。

4）软件代码验证。采用同行评审的方法对软件源代码进行验证，确定代码实现了软件的底层需求、代码符合软件的架构设计、代码是准确一致的、代码不包括多余的功能，软件集成验证、软件测试、验证结果验证。

a）软件集成验证。通过详细检查连接脚本、加载数据，确定所使用的硬件地址是否正确，为程序和数据分配的内存地址是否有重叠和交叉、是否有遗漏的软件部件。

b）软件测试。软件测试包括测试用例和测试程序开发（基于需求和设计）、测试用例和测试程序评审、测试用例和测试程序的执行。

c）验证结果验证。验证结果验证包括对测试结果的分析，对于测试不能覆盖的软件需求，由软件测试人员进行分析验证，验证所有的需求都已正确实现。

d）建立需求与测试用例、测试程序和测试结果的追踪。

应在软件验证计划中描述验证的组织、验证的环境、验证的方法、验证的活动、验证活动与 DO-178B/C 目标的符合性等相关内容。

（2）软件构型管理过程。

软件构型管理过程是贯穿整个开发过程的一个综合过程，目标是对软件构型项及文档的变更提供系统化的管理，确保其可追溯性。完整的构型管理具备构型标识、构型控制以及构型审计等基本要素。其中构型控制是构型管理的核心，包括基线管理、构型库管理、构型更改控制等关键内容。

（3）软件质量保证过程。

软件质量保证活动主要对软件的生命周期过程和过程的输出进行符合性检查，以识别、评估、记录和跟踪软件生命周期数据的偏离，确保软件开发满足 DO-178B 目标、软件产品满足适航要求。质量保证工程师需要具备独立性以及纠正错误的能力。

质量保证过程中的活动包括编写软件质量保证计划、评审产品计划、开展产品审计、过程评审、过程转换准则评审等，在整个软件开发过程中需要记录和跟踪不符合项，如图 9-8 所示。

（4）软件适航联络过程。

适航联络过程的目标是在整个软件生命周期过程中，向审定方提供软件合格审定计划和相关软件生命周期数据，配合机载设备进行系统软件的适航审定。

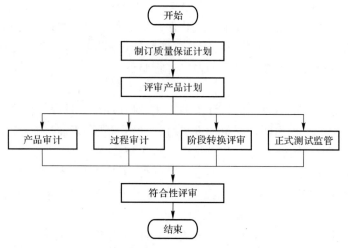

图 9 - 8　质量保证过程主要活动
注:不符合问题解决与跟踪贯穿在整个整个保证过程中

9.6　软件生命周期数据

软件生命周期过程会生成软件生命周期数据,这些数据是机载软件产品的表现形式,也是软件生命过程的记录,更是软件适航取证的基本依据。软件生命周期过程所产生的软件生命周期数据见表 9 - 2,其中:五大计划包括软件开发计划(Software Develop Plan,SDP)、软件验证计划(Software Verfication Plan,SVP)、配置管理计划(Software Configuration Management Plan,SCMP)、质量保证计划(Software Quality Assurance Plan,SQAP)和软件审定计划(Plan of Software Airworthiness Certificate,PSAC);三大标准包括软件需求标准(Software Requirement Standard,SRS)、软件设计标准(Software Design Standard,SDS)和软件编码标准(SCS)。软件质量保证计划用以指导软件质量保证工作的开展。

表 9 - 2　机载嵌入式软件生命周期数据示例

过程	DO - 178B 章节	软件生命周期数据	受控类型	是否提交局方
计划过程	11.1	软件合格审定计划	CC1	Y
	11.2	软件开发计划	CC1	A
	11.3	软件验证计划	CC1	A
	11.4	软件构型管理计划	CC1	A
	11.5	软件质量保证计划	CC1	A
	11.6	软件需求标准	CC1	A
	11.7	软件设计标准	CC1	A
	11.8	软件编码标准	CC1	A

续表

过程	DO-178B 章节	软件生命周期数据	受控类型	是否提交局方
开发过程	11.9	软件需求规范	CC1	A
	11.10	软件设计说明	CC1	A
	11.11	软件源程序	CC1	A
	11.12	软件目标库文件	CC1	A
综合过程	11.13	软件测试用例/程序	CC2	A
	11.14	软件测试报告	CC2	A
		评审记录	CC2	A
	11.15	软件环境构型索引	CC1	A
	11.16	软件构型索引	CC1	Y
	11.17	问题报告单、更改申请单	CC2	A
	11.18	软件构型管理记录	CC2	A
	11.19	软件质量保证记录	CC2	A
	11.20	软件完成总结	CC1	Y

9.7　软件开发过程中的其他考虑

软件开发过程中的其他考虑包括 COTS 软件、外场可加载软件、先前开发软件、多版本非相似软件、非激活码、工具鉴定、偏离处理等情况进行说明,并采取相关处理措施。如工具鉴定,在计划中识别出工具需要鉴定,那么就需要启动工具鉴定过程,通过制订工具鉴定计划、工具鉴定开发过程、工具鉴定总结等形成工具鉴定有效数据。

第10章 基于模型的系统工程设计MBSE方法

10.1 概　　述

基于模型的系统工程(Model Based Systems Engineering,MBSE)方法发展至今,与计算机技术和模型驱动工程密不可分。随着算力的增强,模型变得更容易创建和处理。计算机辅助设计(Computer Aided Design,CAD)工具的发展为模型的可视化和分析提供了强大的支持,同时,包括系统建模语言(System Modelling Language,SysML)、统一建模语言(Unified Modelling Language,UML)等在内的建模语言也日趋成熟。这使得工程师从需求到体系结构,从功能到性能,能够创建多层次多维度的模型,以应用于系统的不同方面。

MBSE要求工程师将信息嵌入模型中,以确保一致性和完整性,这意味着需求、设计、验证等不同工程活动都可以通过模型进行链接和跟踪,这种方法强调协同工作和信息共享,减少了信息传递的失真,使整个团队能够更好地理解系统的整体架构和相互间的关系。

目前,MBSE已经在多种工程领域(包括航空航天、汽车制造、医疗设备、国防等)广泛应用。其中,航空是一个非常重要的应用领域,航空项目通常涉及复杂且层级众多的系统和组件,需要满足高度复杂的性能和安全标准,同时还要应对不断变化的市场需求。

10.1.1　MBSE在航空领域的应用

航空领域相关工程项目往往极具复杂性,如大型商用飞机项目需要处理上千万行代码、上千个组件和子系统、数百万行文档。MBSE的应用可以大幅提高项目的效率和质量,同时降低风险。例如,在飞机系统开发过程中,MBSE可以帮助管理系统的复杂性,确保不同系统的需求和设计是一致的,这在飞行控制、电气系统、机载系统等航空领域具体工程中具有巨大的价值。

此外,航空相关项目往往需要满足严格的安全标准,包括DO-178C和ARP 4754A等。MBSE可以帮助项目开发团队更好地管理和验证安全性要求,从而确保项目满足法规和质量标准,这对于空中交通管理、航空电子系统、导航和通信等关键领域尤为重要。

10.1.2　MBSE的优势

MBSE的优势不仅仅体现在项目的效率和质量上,它还有助于提高系统工程师的决策制定能力,通过可视化的模型和多角度分析,帮助他们更好地理解系统的整体结构和性能。

这有助于更好地满足不断变化的需求,提高系统的灵活性。

MBSE 还可以降低项目的风险,通过模型验证和分析,系统工程师可以在早期阶段捕获问题,避免在后期发现问题。这对于航空项目的成功至关重要,尤其是考虑到飞机寿命和投资。

10.2　MBSE 的核心概念

MBSE 是一种系统工程方法,旨在通过使用系统模型来描述和分析复杂系统的不同方面,从需求和功能到结构和性能,其核心概念包括系统模型的作用和建模语言的选择。

10.2.1　系统模型的作用

系统模型在 MBSE 中扮演着核心角色,它是对系统的抽象表示,用于捕获系统的各个要素,从高级需求到底层实现。系统模型的作用不仅限于可视化系统的结构,还包括以下关键方面。

(1)需求分析。

系统模型可以用来表示系统的需求,包括功能性需求、非功能性需求和性能需求。这些需求可以在模型中建模,使其清晰可见,有助于系统工程师更好地理解和管理需求。模型还具备跟踪需求变更的能力,以确保系统与最新需求的符合性,以及为开发人员提供自动化分析功能。

(2)结构描述。

系统模型用于描述系统的结构,包括不同组件、子系统和其之间的关系。这有助于系统工程师更好地理解系统的组织结构,从而更好地协调不同部分的工作。结构模型还可以帮助识别潜在的冲突和一致性问题。

(3)功能分析。

通过模型,系统工程师可以清晰地描述系统的功能,包括不同功能之间的依赖关系,有助于确保系统满足预期的功能需求,同时也能为功能验证提供基础。

(4)性能评估。

系统模型可以用于性能评估,包括性能模拟和分析。通过模拟不同工作负载和条件下系统的性能,可以更早地发现潜在的性能问题,从而避免在后期进行高成本的更改和重复工作。

系统模型的作用不仅仅是描述系统的静态和动态特性,还提供了多角度的分析和验证能力,有助于开发人员更好地理解系统,发现问题,降低风险,并改进系统。

10.2.2　建模语言的选择

前面介绍了系统模型的重要作用,在 MBSE 中,选择适当的建模语言对于成功构建系统模型至关重要。建模语言提供了一种规范的方式来表示系统的各个方面,并能确保模型的一致性和可理解性。常见的建模语言包括 SysML、UML、AADL、MATLAB/Simulink。选择建模语言时,需要考虑项目的需求和复杂性。不同的建模语言具有不同的优点和缺点,因此需要综合考虑研制基础、项目特征等因素,选择能满足项目要求的语言。

10.3　模型驱动工程方法

模型驱动工程(Model Driven Engineering,MDE)方法是 MBSE 的基石,它强调使用模型作为开发过程的中心,从而促进了整个工程的协作、自动化和验证流程。下面是一些典型的模型驱动工程方法。

(1)自动代码生成。

模型自动生成代码是模型驱动工程(MDE)方法的一个关键方面,它旨在通过使用模型来自动生成实际可执行的代码,从而加速软件开发过程、提高代码质量和降低错误率。这对于系统工程师来说尤为重要。大型系统通常包括数以百万计的行代码,通过模型驱动的方法,可以更好地确保代码与模型的一致性,降低出错的风险。另外,使用经过适航审定的 MBSE 工具,如 Simulink 或 SCADE 工具,可以用于高安全等级的软件产品编码,能有效降低人力资源需求以及缩短项目研制周期。

(2)验证和分析。

模型驱动工程方法允许对模型进行验证和分析,以确保系统的性能和一致性。这包括形式化验证、模拟和仿真。通过模型驱动的验证,可以更早地发现潜在的问题,降低了在后期修复问题的成本。在研制阶段,越早暴露项目隐患,所需付出的代价就越小。ARP 4754A 推荐的,传统的系统研制 V 模型以系统实现为拐点,在系统实现后开展集成验证工作,引入基于模型的验证可以将 V 右半阶段前移,在软/硬件实现前开展系统验证,减少产品迭代,有效降低成本。

(3)自动文档生成。

模型驱动工程方法还可以用于生成系统文档。这包括需求文档、设计文档、测试文档等。通过模型生成文档,可以减少手工文档编写的工作量,同时确保文档与模型的一致性。

模型驱动工程方法的应用不仅提高了效率,还有助于改进系统的质量和可维护性。它使系统工程师能够更好地协作,更好地应对不断变化的需求,同时更好地管理复杂性。

10.4　MBSE 工具和技术

MBSE 的应用依赖于强大的建模工具。本节探讨主要的 MBSE 工具,以及它们在航空领域中的应用。同时,介绍一些 MBSE 关键技术,包括模型验证、自动代码生成,以及 MBSE 在航空产品研制中的大致流程。

10.4.1　MBSE 建模工具

MBSE 建模工具是 MBSE 方法的核心组成部分,可以为工程师提供创建、编辑和分析系统模型的环境,以下是一些主要的 MBSE 建模工具以及它们的功能和应用。

10.4.1.1　SysML 工具

SysML 工具是最常见的 MBSE 建模工具之一,可以提供一组图形符号和语法规则,用于描述系统的结构、需求、功能、性能和验证。SysML 工具通常包括以下功能。

（1）需求管理：SysML 工具允许工程师创建、跟踪和分析系统需求，确保系统满足最新的需求。

（2）结构建模：SysML 工具提供了各种图形符号，如块图、内部块图和连续图，用于描述系统的结构和组件。

（3）功能建模：SysML 工具支持用例图、活动图和序列图等，用于表示系统的功能和交互。

（4）性能分析：一些 SysML 工具具有性能建模和仿真功能，用于评估系统的性能。

SysML 工具在航空产品项目中的应用非常广泛，可以帮助工程师管理复杂系统的需求、结构和功能。

10.4.1.2　UML 工具

UML 工具最初是为软件工程设计的，但它们也被广泛应用于系统工程。这些工具提供了多种图形符号，包括类图、时序图和用例图，用于不同方面的建模。在航空项目中，UML 工具通常用于以下方面。

（1）航空电子系统：UML 工具可以用于建模航空电子系统的结构和交互，包括通信系统、导航系统和娱乐系统。

（2）软/硬件集成：航空产品通常涉及软硬件集成，UML 工具可以帮助工程师建模和分析软/硬件之间的交互。

通信协议方面，UML 工具可以用于建模通信协议，以确保不同子系统之间的通信正常进行。

10.4.1.3　AADL 工具

结构分析与设计语言（Architecture Analysis and Design Language，AADL）工具专门用于建模嵌入式系统和实时系统。它强调系统的体系结构、可用性和性能。在航空产品项目中，AADL 工具通常用于以下方面。

（1）实时系统：航空航天项目中的一些系统需要满足严格的实时性能要求，AADL 工具可以用于建模这些系统的性能。

（2）嵌入式系统：飞机上的嵌入式系统，如飞行控制系统和导航系统，常使用 AADL 工具建模。

10.4.1.4　MATLAB/Simulink

MATLAB 和 Simulink 是数学建模和仿真工具，广泛用于控制系统工程。它们通常用于建模和仿真飞机的控制系统、导航系统和通信系统。Simulink 工具通常用于以下方面。

（1）控制系统设计：Simulink 可以用于建立飞机的控制系统模型，包括飞行控制、导航和自动驾驶系统。

（2）仿真：工程师可以使用 Simulink 进行飞机性能和控制系统的仿真，以评估系统的性能。

10.4.2　MBSE 关键技术

工程设计中，使用基于模型的设计是一方面，MBSE 更多的价值来自自动代码生成以及模型验证这两项关键技术。

1. 自动代码生成

自动代码生成是 MBSE 的一项重要技术,它将系统模型直接转换为可执行的代码,避免了手动编码带来的人为因素不确定性,同时确保生成的代码与模型的一致性,确保代码产品不偏离顶层需求。基于模型的软件开发流程可以有多种研制模式,DO－331 基于模型的开发和验证将其划分为 5 类,每一开发模式中模型介入的时机都有所不同,但其中 4 种最终由模型直接对接源代码(见表 10－1)。由此可见,如果工具可以提供自动代码生成能力,那么将可以广泛适用于各类型项目研制。

表 10－1　基于模型的开发模式示意

生存周期过程	示例1	示例2	示例3	示例4	示例5
系统需求和系统设计过程	分配至软件需求	用于开发模型的需求	用于开发模型的需求	用于开发模型的需求	用于开发模型的需求
软件需求和软件设计过程	用于开发模型的需求	规格模型	规格模型	设计模型	设计模型
	设计模型	设计模型	文本描述		
软件编码过程	源代码	源代码	源代码	源代码	源代码

(1)自动代码生成过程。

自动代码生成的过程通常包括以下步骤:

1)建立模型。工程师需要创建系统模型,以描述系统结构、功能和性能。需要使用建模工具(如 Simulink 或其他 MBSE 工具)完成。

2)指定代码生成规则。在代码生成过程中,需要指定生成代码的规则和约定。这些规则"告诉"代码生成工具如何将模型元素转换为实际的代码。

3)生成代码。一旦规则确定,代码生成工具可以自动将系统模型转换为代码。生成的代码通常符合一种编程语言,如 C＋＋或 Java。

4)集成和测试。生成的代码可以集成到实际系统中,并进行测试和验证,以确保生成的代码适配实际驻留环境,并满足系统的性能和功能要求。

(2)代码生成工具。

目前,商业上有将系统模型转换为代码的工具,这些工具通常针对不同的应用领域和编程语言。下面是一些常见的代码生成工具:

1)Simulink Coder。Simulink Coder 是 MathWorks 的工具,用于生成 C、C＋＋和 ADA 代码,它通常用于控制系统和嵌入式系统的代码生成。

2)Embedded Coder。Embedded Coder 是另一个 MathWorks 工具,专门用于嵌入式系统的代码生成,它支持多种硬件平台和编程语言。

3)Rational Rhapsody。Rational Rhapsody 是 IBM 的工具,支持 UML 和 SysML 建模,用于生成 C、C＋＋、Java 和其他编程语言的代码。

4)TargetLink。TargetLink 是 dSPACE 的工具,专门用于汽车和嵌入式控制系统的代码生成,它支持 Simulink 模型的自动代码生成。

(3)自动代码生成的优势。

自动代码生成在系统设计和开发中具有以下优势:

1)一致性。自动代码生成确保了生成的代码与系统模型的一致性,从而减少了手动编码错误引起的问题。

2)代码重用。生成的代码通常可以在不同项目中重用,从而节省了开发时间和成本。

3)提高效率。自动代码生成减少了手动编码的工作量,提高了开发效率,项目开发人员可以更加专注于系统设计而不是代码编写。

4)可维护性。生成的代码通常遵循规范,更容易维护和更新。

2.模型验证

基于模型验证是 MBSE 中的另一项关键技术,用于确保系统模型的正确性和一致性。这一过程涉及检查系统模型是否满足特定的需求、规范和性能要求等。模型验证的目标是在系统设计的早期阶段就发现并纠正潜在问题,从而降低项目后期的修复成本和风险。

(1)验证方法。

模型验证可以采用不同的方法,其中最常见的方法包括:

1)模型检查。模型检查是一种自动化的验证方法,它使用形式化规则和算法来检查模型是否满足特定属性(包括一致性、安全性、性能等)方面的要求。模型检查工具通常能够自动识别模型中的问题并生成验证报告。

2)模拟和仿真。模拟和仿真是通过对系统模型进行计算和模拟来验证系统性能的方法,包括对系统的动态行为进行模拟,以评估性能和功能的满足程度,Simulink 等科学工具被广泛应用于系统的仿真。

3)形式化验证。形式化验证是一种基于数学形式方法的验证技术,通常用于验证系统的特定指标,如安全性和完整性。这种方法需要精确的数学建模和验证过程,通常适用于对系统高度可靠性要求的领域,如航空航天和医疗设备领域。

(2)模型验证的优势。

模型验证的应用具有以下显著优势:

1)早期问题的发现。模型验证可以在系统设计的早期阶段就发现问题,这有助于降低项目后期的更改成本。通过验证,工程师可以在实际系统构建之前捕获和解决潜在的问题。

2)自动化。许多模型验证方法可以自动化执行,节省了大量的人力、物力和时间,这意味着更频繁的验证可以被集成到系统开发流程中,以提高系统质量。

3)准确性。模型验证是一种精确的验证方法,它不依赖于主观判断。验证结果是可量化的,可以用于评估模型的性能和一致性。

10.4.3　MBSE 在民用航空项目中的应用

民用航空项目通常是复杂多学科的工程任务,要求具有高度的协作和系统工程方法。MBSE 工具和技术已经成为航空航天领域的关键组成部分,帮助工程师管理复杂性、降低风险并提高系统设计和开发的效率。

民用航空研制过程通常遵循 V 模型,这是一种系统工程方法,用于指导民用航空项目的开发和验证过程。V 模型以字母 V 的形状来表示开发和验证过程,其中左侧代表系统定义和设计阶段(通常包括系统计划过程、系统需求开发过程、系统设计过程),右侧代表验证和确认阶段(通常包括系统集成过程、系统验证过程),而 V 字底部则为更低一层级的产品实现过程。民用航空产品的研制生命周期活动如图 10 - 1 所示。

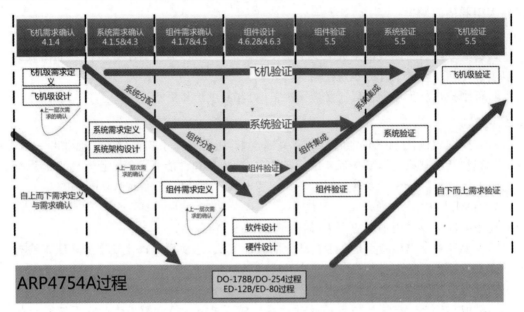

图 10 - 1　民用航空产品的研制生命周期

在工程项目中,模型的介入阶段通常不涉及系统计划过程,也无法替代对实物产品的集成、验证活动,所以 MBSE 方法一般涉及系统需求开发、系统设计、系统实现以及基于模型的集成验证。

1.需求开发过程

民用航空器研制过程通常由需求贯穿,先通过需求自顶向下逐层传递设计约束,再自底向上逐层基于需求进行产品验证。因此,需求的正确性、完备性极大程度地影响着民用航空产品研制的结果。为保证项目成功,通常需求开发都要开展需求捕获、需求分析、需求定义,以及需求确认的活动。

（1）需求捕获。

需求捕获是指将各种类型的需求明确、系统地记录下来的过程,这是系统研制的起点,也是重要的一步,旨在确保所有项目利益攸关方的需求都得到了考虑和记录,以便在项目的后续阶段进行分析、设计和验证。

利益攸关方概念是在 20 世纪 60 年代提出的,欧美航空发达国家民机研发公司从多年运营经验中意识到利益攸关方对公司决策的成功起重要作用。从工程经验来看,民用航空产品利益攸关方主要包括使用方、购买方、供应方、责任方、保障方、维护方、集成方、研制方、测试方、监管方、领域专家等。捕获需求通常从识别利益攸关方开始,通常项目都会建立潜在利益攸关方的清单,并随着工程经验累积而不断更新这份清单。

值得注意的是,并非所有利益攸关方的期望都必须被满足,较好的产品必然对应高昂的成本,所以项目初期需要从成本角度考虑利益攸关方的取舍。识别并评估出项目中具有价值的利益攸关方后,才可开始捕获其对待研制产品的期望。由于利益攸关方往往不是以个人形式存在的,它可能是一个团体、组织或某一类型的群体,这些利益攸关方的期望是无法通过简单的沟通获得的,因此正确地获取其期望,需要借助调查、访谈、研讨会、社交媒体、咨询领域专家、建立原型分析等手段。

利益攸关方不会考虑产品应该是什么样的,他们只关心如何利用产品实现他们的指定目标,所以他们的描述通常都是以业务为出发点的,并且从利益攸关方处得到的信息形式常是碎片化且不清晰的,甚至有时是自相矛盾的。项目研制方需要对获取的信息进行剔除、整合,从中分析出对项目研制有价值的信息,并通过这些信息为其相关的利益攸关方建立使用场景。需要特别注意的是,工程实践中正常的使用场景易于捕获,也不易被遗漏,但异常场景以及异常状态下的处理场景被遗忘是工程中常见的情况,这也是影响产品健壮性的重要原因,工程师应充分考虑。

项目研发过程中模型的介入从需求捕获阶段开始,基于模型的利益攸关方需求分析是一种从利益攸关方的视角分析需求的 MBSE 方法。从利益相关方的视角建立模型,能提高设计人员与用户间的沟通效率,降低项目成本。工程师需要利用建模工具建立完整的利益攸关方集合,为每个利益攸关方全面识别业务场景并建立关联,利益攸关方及场景识别示意图如图 10 - 2 所示。

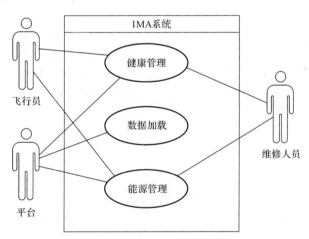

图 10 - 2　利益攸关方及场景识别示意图

每一个场景都可以使用 MBSE 工具进行具体的场景描述,比较常用的方法包括活动图方法、顺序图方法和状态机图方法。

活动图方法的特点是能够通过一系列活动描述对象(事件、资源或者信息)的转移,它可以用来观测在系统操作时,对象在这一系列活动中的流动,以及何时被访问和修改。它的关键优势在于可读性;活动图在控制逻辑的设计上要比序列图和状态机图更加方便和实用,用它来描述的复杂逻辑关系可以很清晰地被解读。活动图是这 3 种模型里唯一能够采用连续行为描述系统的。

顺序图方法是将系统行为或事件按时间发生顺序排列而得到的序列。模块的各个部分会通过操作调用和异步信号彼此交互,以产生浮现式的行为。顺序图是对行为的精确说明,可以有效进行场景定义以及需求提取。

状态机图方法关注系统中的结构如何根据在不同时间发生的事件而改变状态。在状态机图中,用系统的不同状态之间事件驱动的转移机制来说明一系列行为的发生过程。

顺序图强调对象之间的信息传递、事情发生的时间顺序,活动图强调某件事情的流程分支,状态机图强调某件事情本身的状态变化。在工程中可根据具体情况选用合适的工具开展分析活动。使用顺序图方法分析飞行员起飞的场景分析的示意如图 10-3 所示。

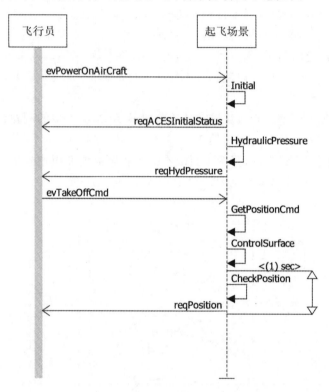

图 10-3　应用场景分析顺序图示意图

民用航空产品研制强调逐层确认,保证每一阶段的成果都没有偏离初始目标。本阶段生成的所有应用场景图都需要经过关联的利益攸关方(或代表)的确认。

(2)需求分析。

研发人员可以使用 MBSE 工具自动化生成需求条目。一方面,MBSE 工具支持对应用场景图内容进行识别,根据图中所有元素以及元素间关系的生成格式化的自然语言需求。这些自动生成的需求需要工程师核查内容,进行需求正确性、完整性、唯一性等特性的确认。另一方面,使用 MBSE 工具建立可视化的需求追溯,分析需求对模型的覆盖率,确保全部的场景被识别。用例与需求间追溯关系示意图如图 10-4 所示,使用 IBM Rational Rhapsody Gateway 工具进行覆盖率分析,如图 10-5 所示。

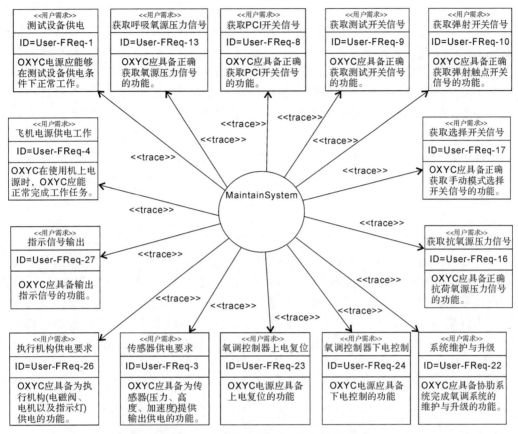

图 10-4　用例与需求间追溯关系示意图

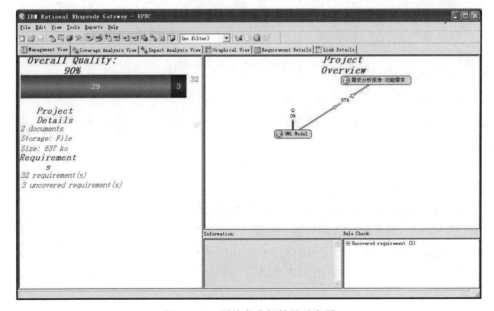

图 10-5　覆盖率分析结果示意图

上述过程识别的所有需求均为用户需求,是一种以用户为核心的需求,又被称为用户要求或用户需要。用户需求通常无法直接指导设计,仍需工程师对用户需求进行细化、转换,并最终形成产品的需求规范。

在本阶段有两项主要的设计活动需要开展,即功能定义和接口定义。功能定义和接口定义的主要任务是将用例转化为一系列可执行的模型,从而使得功能性需求在模型中得以验证。功能定义活动是基于用例来展开的:首先,定义用例的上下文,采用模型的方式来表示用例与其相关角色之间的关系,并采用活动图、序列图和状态机图来对用例展开分析,描述用例的执行;其次,对所构建的模型进行验证,针对错误/失败的场景对用例进行迭代修改/扩展,更新系统需求,将功能接口内容落实到需求中,最终得到完整的系统状态机视图和对应的接口与端口。

(3)需求定义。

通过需求分析过程可以得到完整的、明确的用户需求,但用户需求仍以各个利益攸关方为出发点进行描述,可以从中识别产品外部接口、识别产品功能清单,无法直接指导产品研制,研发人员需要将用户需求转化为以产品为中心的产品需求,逐步将产品黑盒打开,将产品特征以形式化的需求语言罗列出来,形成产品需求规范文件,这个过程即需求定义过程。

需求规范要求以条目化的形式描述需求内容,工程中一般要求需求条目具备的特性包括独立的、正确的、一致的、清晰的、完整的、模块化的、正面的、唯一的、被标识的、与设计无关的、可追踪的、可验证的、可行的等。需求特性可根据项目特征而扩展,但上述要求都是需求必备的特征,工程上形式化需求条目的样例如图 10-6 所示。

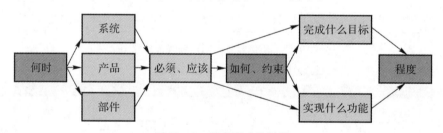

图 10-6　需求形式化样例

(4)需求确认。

需求确认的目标是确保需求的正确性、完整性,可通过以下方法尽可能有效地实现需求确认的目标:

1)支持在整个需求捕获阶段创建有效的需求。

2)尽早识别出无效的需求。

3)减少因无效而必须进行返工的需求条目数量。

在工程实践中,需求确认活动有独立性要求,需求捕获团队和确认团队需要在早期参与过程中支持这些目标。确认团队应确保需求捕获团队能够理解确认过程和期望值。这使需求捕获团队能够在移交正式确认需求之前通过非正式确认来产生有效的需求。此过程应降低需求返工率以节省研制成本。

确认团队一般由专家评审人员和独立评审人员组成。专家评审人员熟悉受审需求,并可能已经编写了其中一些或全部需求。独立评审人员不得对自己编写的需求进行评审。

2.系统设计过程

系统设计过程的主要目标是形成满足系统需求的逻辑架构和物理架构。在本阶段中，应充分考虑系统接口、安全性、可靠性、维修性、测试性、可制造性等因素，参与架构权衡。MBSE 方法可以有效支持本阶段工作的开展。

MBSE 工具支持使用前述的顺序图、活动图、状态机图建模并通过工具自动生成系统架构。典型的例子：

(1)通过活动图完整描述产品参与的业务场景，如图 10 - 7 所示。

(2)依据抽象用例的活动为基础，自动生成顺序图，如图 10 - 8 所示。

(3)根据顺序图自动生成接口图，如图 10 - 9 所示。

(4)定义系统架构，绘制行为驱动开发(Behavior - Driven Development，BDD)图，如图 10 - 10 所示。

(5)迭代系统需求。

(6)子系统识别及特性分配。

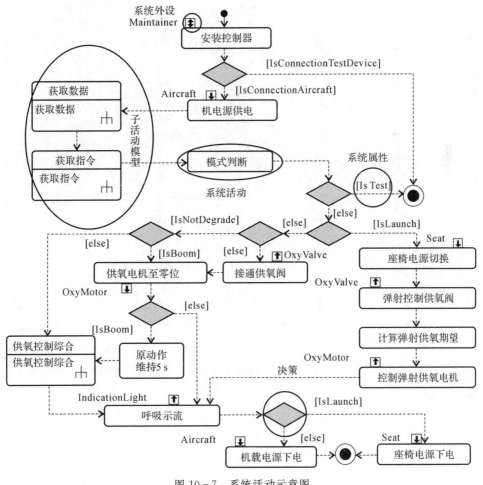

图 10 - 7　系统活动示意图

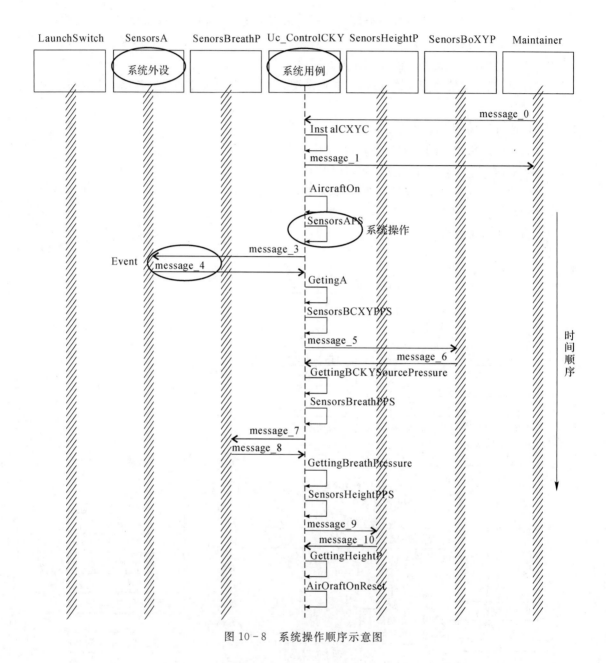

图 10-8　系统操作顺序示意图

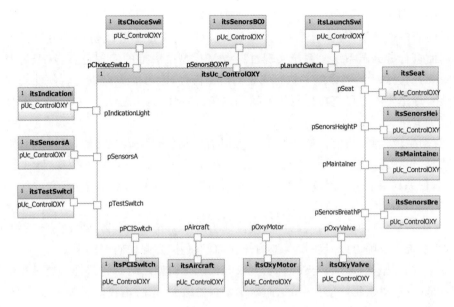

图 10 - 9 系统接口

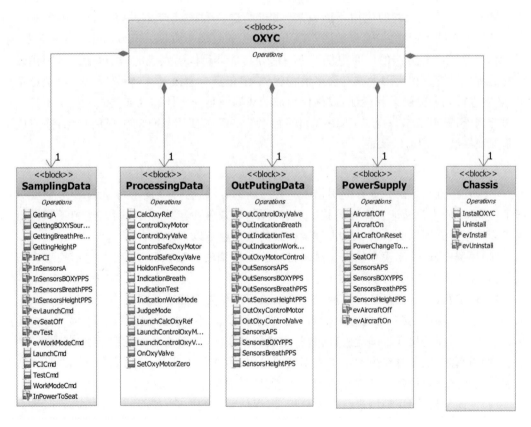

图 10 - 10 系统架构 BDD

3. 系统实现过程

飞机的研制通常从飞机级往下分为 6 个大层级,其中每个层级研制又可根据产品复杂度的不同而自行拆分子系统。系统实现过程指 V 模型中底部的实现过程,这个过程可能被下一层级展开为另一个 V 模型并执行完整的研制流程,也可能直接进行软硬件研制。这里所述系统实现主要针对可直接进行软件编码的情况,MBSE 方法可以在以下方面对系统实现过程提供支持。

(1)自动生成代码:目前一些 MBSE 工具具有自动代码生成的功能,可以从系统模型中生成源代码,包括底层软件、硬件控制等。自动生成代码可以提高开发效率,减少错误并提高一致性,但系统在民用航空领域需要完成代码生成工具的适航审定,审定过程需要符合 DO - 178C 或未来更新版本的要求。

(2)代码集成:自动生成的代码可以便捷地集成到系统中,减少了手动编码和维护代码的工作,使系统工程师可以专注于模型的开发,而不必担心源代码的细节。

(3)一致性和验证:MBSE 支持自动生成的代码与模型之间的一致性。通过在模型中进行更改,可以自动更新生成的代码,从而减少错误的机会。此外,由于模型经过验证,因此生成的代码更有可能满足需求。

(4)文档生成:MBSE 工具通常可以自动生成文档,这有助于记录系统的设计和实现。

MBSE 在航空领域的应用不断发展,飞机制造商和机载产品供应商越来越多地采用 MBSE 作为系统工程的方法,以改善产品开发过程的效率和质量。但目前业内并未普及,采用 MBSE 系统工程方法的厂商中仅更小一部分具备自动代码生成能力(包括工具和代码本身的适航),尽管自动代码生成有许多潜在优势,但仍需要谨慎对待,特别是在安全关键系统中,必须进行充分的测试和验证,以确保生成的代码满足安全性和性能要求。但也不乏成功应用的例子,霍尼韦尔公司在 C919 飞机飞控系统产品中使用了自动生成的代码,并完成了研制保证等级 A 的适航认证。

4. 基于模型的验证过程

MBSE 在机载系统验证方面提供了一种全新的方法,它可以使系统研制的 V 模型右半部工作左移,使大量验证工作在系统实现前开展,有效减少了产品级迭代,达到了降低研制成本和缩短研制周期的目的。通常基于模型的验证包括以下内容。

(1)模型检查:使用模型检查工具来自动验证模型的一致性和正确性,包括检查模型的规范、逻辑和约束是否得到满足。

(2)需求验证:使用模型来完成系统需求验证。首先需要确保系统模型准确地反映了需求,包括性能、功能、安全性等方面的需求。当系统模型对需求的覆盖率达到 100% 时,使用 MBSE 工具对模型展开自动化验证,包括生成测试用例、运行测试以及记录测试结果。

(3)仿真测试:通过在模型中引入不同的输入、条件和场景,执行仿真测试以验证系统的性能。这些测试可以模拟系统在不同工作情况(正常操作和异常情况)下的行为。

(4)性能分析:使用模型进行性能分析,以评估系统的性能(如吞吐量、响应时间、资源利用等)是否满足需求。

(5)安全性分析:使用模型进行安全性分析,以评估系统的安全性和潜在风险。

（6）可视化验证：使用可视化工具和技术来可视化系统的模型和行为，以便工程师和利益攸关者更好地理解和分析验证过程和结果。

（7）验证文档生成：生成验证文档，记录验证过程和结果，以留存过程保证数据。

（8）变更管理：建立变更管理过程，以处理在验证过程中发现的问题和需求变更。

10.5　未来趋势和挑战

MBSE 在缩短研制周期、降低研制成本等方面具有明显优势，目前 MBSE 在航空领域中也有一定规模的应用，但由于民用航空领域适航符合性的门槛高，很多研发企业目前仍未建立符合 ARP 4754A 的 MBSE 体系。同时，航空领域新技术的应用以及复杂性的不断增加也成为 MBSE 建模技术的挑战。

10.5.1　模型的复杂性

未来航空系统的复杂性将继续增加，这意味着系统工程师需要处理更大、更复杂的系统模型。这些模型可能包括大量的组件、子系统和交互，需要更多的细节和具有更好的精确性。因此，MBSE 工具和技术需要不断演进以满足这种需求。

（1）模型的分层和交联。

未来，系统工程师可能需要更多的模型分层，需要管理更多模型之间的交联关系，以应对系统的复杂性。

（2）高级建模语言和工具。

高级建模语言和工具将在未来发挥更大的作用，以支持复杂系统的建模。这些工具可能包括更强大的分析和仿真功能，以更好地评估系统的性能和行为。

10.5.2　标准化

标准化可以确保不同工程团队之间的互操作性，以及不同工具之间的兼容性。当 MBSE 全生命周期的数据接口被打通并实现标准化时，MBSE 将更易于推广和应用。

（1）模型标准化。

制定通用的模型标准将有助于确保不同工程团队可以共享和协同工作。例如，SysML 和 UML 等建模语言的标准化，使不同工程师能够使用相同的建模语言。

（2）工具集成标准化。

工程项目通常使用多种不同的工具来支持不同方面的工程任务。标准化工具之间的集成接口将有助于工程师将不同工具无缝地集成到 MBSE 流程中。

10.5.3　人才培养

MBSE 的广泛应用，对具备相关技能和知识的工程师和专业人员提出了需求。高校和培训机构需要提供 MBSE 培训和教育，企业也需要为 MBSE 的普及提供理论培训和操作实践条件，以确保新一代工程师具备必要的技能。

第 11 章　机载复杂系统适航审定技术

11.1　概　　述

11.1.1　机载复杂系统的定义

机载复杂系统,通常简称"机载系统",是指在航空器(如飞机、直升机和飞艇)上安装的、由多个子系统组成的,高度集成和相互关联的电子和计算机系统。这一系统的主要任务是监测、控制和管理飞机的各个方面,以确保飞行的安全、有效和可靠。这些系统由各种子系统和组件(包括飞行控制系统、导航系统、通信系统、数据处理单元、自动驾驶系统、维护系统等)组成,以确保飞机在各种飞行情况下都能安全运行。

机载复杂系统一般具有如下特征:

(1)高度互联性:机载复杂系统的各个子系统之间通过复杂的数据通信和控制链路相互连接,以实现协同工作。

(2)实时性要求:大多数机载复杂系统需要在实时或准实时条件下操作,以确保及时响应和控制。

(3)复杂性:这些系统包括数百万行代码和复杂的硬件组件,由多个独立的软件和硬件模块组成。

(4)可靠性要求:机载复杂系统的可靠性要求极高,因为它们必须在恶劣天气、机械故障和其他紧急情况下运行。

(5)安保性(Security):机载复杂系统需要防范潜在的威胁和攻击,以确保系统的完整性和数据的保密性。

(6)自动化:许多机载复杂系统具有高度的自动化功能,包括自动起飞、自动着陆、自动导航和自动驾驶。

机载复杂系统是现代飞机的关键组成部分,通过高度的集成和自动化功能,确保了飞机在各种飞行条件下的安全运行。这些系统在航空领域中扮演着至关重要的角色,其设计、开发和适航审定需要高度的专业知识和严格的标准。

机载复杂系统代表着现代航空领域的技术和工程奇迹,它们是飞行器的核心,为飞行提供了必不可少的功能和控制。这些系统不仅在航空领域中发挥着至关重要的作用,还直接关系到乘客的安全和航空公司的运营效率。本章将详细围绕机载复杂系统讨论为什么这些系统需要符合诸如标准 ARP 4754A 等的严格规定。

11.1.2　ARP 4754A 标准的执行

现代飞机和航空器必须符合一系列严格的标准和规范,以确保其设计、开发和运行满足高度安全性和可靠性的要求,主要包括以下内容。

(1)飞行安全。飞行安全是航空领域的首要任务。机载复杂系统在飞行中起着至关重要的作用,因此必须确保其可靠性和安全性。ARP 4754A 要求进行详尽的安全性分析,以识别潜在的危险和风险,并采取措施来降低风险。这有助于确保飞行员和乘客的安全。

(2)数据和系统完整性。机载复杂系统处理大量的关键数据,包括飞行控制、导航、通信和维护数据。ARP 4754A 要求确保这些数据的完整性和可靠性,以防止数据损坏或篡改。这对于确保系统的稳定性和性能至关重要。

(3)故障检测与修复。ARP 4754A 还要求实施故障检测与修复以及容错机制。这些功能允许系统当出现故障时自动识别问题并采取措施来维护系统的性能。这有助于减少系统故障对飞行的影响。

(4)符合法规要求。航空领域受到严格的法规监管,包括联邦航空局(FAA)和其他国际民航组织的规定。符合 ARP 4754A 等规定是获得适航认证的关键要求之一。飞机制造商必须证明其机载复杂系统符合这些法规要求,以获得适航认证,允许其在商业飞行中运营。

机载复杂系统是现代航空领域的核心,它们在飞行器的运行和控制中发挥着关键作用。当前系统设计的趋势是飞机功能和执行功能的系统之间的综合水平不断提高,虽然通过系统与其他系统之间的综合能获得相当大的益处,但是随之增加的复杂度也导致了出现错误的可能性增大,尤其是那些由多系统共同执行的功能。这些系统必须经过充分验证表明其适航符合性,但系统复杂性导致无法使用试验、分析等手段的组合对其进行充分验证,基于此,适航当局与工业界达成共识采用过程保证的手段对这些系统进行适航符合性表明,在航空工业领域,SAE ARP 4754A 不仅是飞机及其系统工程研制和验证的指南,也是适航当局认可的用于表明飞机及系统对适航标准符合性的符合性方法。

11.2　机载复杂系统适航审定相关标准

11.2.1　美国联邦航空局(FAA)的标准和规定

FAA 的标准和规定在美国和国际民用航空领域具有至关重要的地位。下面是对这些标准和规定的简要介绍。

(1)FAA(美国联邦航空局)的标准和规定:FAA 是美国联邦政府的民用航空部门,负责监管和管理国内的民用航空活动。FAA 的标准和规定是制定为确保飞行器的安全、适航审定和运行合规性的规则和法规集。这些标准和规定的目的是维护飞行员、乘客和地面人员的安全,以及保护航空器和环境的完整性。FAA 通过这些标准来监督航空器的设计、制造、运营和维护,以确保它们符合高标准的安全性和性能要求。

(2)14 CFR(美国联邦航空法规)的作用:14 CFR,全称 Code of Federal Regulations Title 14,是美国联邦航空法规的编码,包含了航空领域的法规和规定。它涵盖了广泛的航空主题,包括适航规则、飞行规则、操作规则、维护规则等。14 CFR 的目的是确保民用航空领域的安全和合规性。这一编码规定了各种航空标准和规定,旨在管理和监督所有与美国民用航空有关的活动,包括飞行操作、飞行器设计、飞行员许可、机场运营等。

(3)Part 25 适航规则:运输类飞机的标准,Part 25 是 14 CFR 的一部分,包含了关于运输类飞机(如商业客机)的适航标准。这些标准规定了飞机的设计、结构、系统、材料、性能和飞行特性等各个方面的要求。Part 25 的目的是确保运输类飞机的安全性、可靠性和适航性,以满足商业运营的需求。这些规则涵盖了从飞机结构到电子设备的各个方面,包括飞行控制系统、发动机、座位安全等。

(4)Part 23 适航规则:通用航空飞机的标准,Part 23 适用于通用航空飞机,包括小型和通用航空飞机。这些规则规定了设计和性能要求,以确保通用航空飞机的安全性和适航性,包括飞机的结构、飞行性能、构造强度、维护要求等方面的规定。

(5)Part 27 和 Part 29 适航规则:直升机的标准,Part 27 适用于小型直升机,而 Part 29 适用于较大和更复杂的直升机。这些规则规定了直升机的设计和性能要求,以确保它们的安全性和适航性。这包括直升机的飞行性能、结构设计、系统要求、飞行控制等。

(6)高级适航规则:特殊类别飞行器的标准,高级适航规则是特殊类别飞行器的标准,通常适用于非传统或特殊类型的飞行器。这些标准适用于一些新兴技术,如电动飞行器、垂直起降飞行器、轻型飞行器等。高级适航规则的目的是确保这些特殊类别飞行器的安全性和适航性,同时促进新技术的发展和创新。

这些标准和规定共同构成了 FAA 在美国境内管理和监督民用航空活动的基础,以确保飞行的安全和适航性。它们对航空器的设计、制造、操作和维护起着至关重要的作用,以满足高标准的安全和性能要求。

11.2.2 欧洲航空安全局(EASA)的标准和规定

EASA 是欧洲联盟的民用航空监管机构,负责确保欧洲航空领域的安全和合规性。下面是关于 EASA 的标准和规定以及与之相关的主要概念的解释。

(1)EASA 的标准和规定:EASA 制定了一系列标准和规定,以确保欧洲航空器的设计、制造、运营和维护符合高度安全和适航审定的标准。这些标准和规定适用于各种类型的航空器和相关操作,包括飞机、直升机、通用航空飞机以及各种飞行操作。

(2)EASA 的使命和角色:EASA 的使命是通过制定和执行一致的欧洲标准和规定来提高民用航空的安全性和环保性,促进欧洲航空工业的竞争力,并为欧洲市民提供安全的航空服务。它的角色包括监管适航审定、颁发适航证书、制定标准和规定、监督运营活动、推动研究和发展等。

(3)CS-25 规章:运输类飞机的标准,CS-25 是 EASA 的规章,规定了运输类飞机(例如商业客机)的适航标准。这些标准包括飞机的设计、结构、系统、材料、性能和飞行特性的要求。CS-25 的目的是确保运输类飞机的安全性、可靠性和适航性,以满足商业运营的需求。

（4）CS-23 规章：通用航空飞机的标准，CS-23 适用于通用航空飞机，如小型飞机。这一规章规定了通用航空飞机的设计和性能要求，以确保它们的安全性和适航性，包括飞机的结构、飞行性能、构造强度、维护要求等方面的规定。

（5）CS-27 和 CS-29 规章：直升机的标准，CS-27 适用于小型直升机，而 CS-29 适用于较大和更复杂的直升机。这些规章规定了直升机的设计和性能要求，以确保它们的安全性和适航性，这包括直升机的飞行性能、结构设计、系统要求、飞行控制等。

（6）适航信息通报（AD）：适航信息通报是 EASA 发布的通知，用于通知航空业界有关安全问题、技术问题或特定航空器的适航性要求的变化。AD 包含了有关航空器操作、维护、修理和修改的相关信息，以确保航空器的安全和合规性。航空器运营者和维护机构需要密切关注并遵守 AD，以保持适航审定的合规性。

EASA 的标准和规定是为了确保欧洲航空领域的安全性和适航审定，促进航空器的安全运营，并确保环保性和竞争力。这些规定适用于不同类型的航空器和操作，以维护民用航空的高度标准。

11.2.3　国际民航组织（ICAO）的国际标准

ICAO 是一个联合国专门机构，其使命和角色包括推动国际民用航空领域的安全、有效和可持续发展。下面是关于 ICAO 的使命和角色以及其一些重要附件的介绍。

（1）ICAO 的使命和角色：ICAO 的使命是通过国际协调、规范和监管，提高全球民用航空领域的安全、效率和环保性。它的角色包括：

1）制定国际航空标准和规则，以确保飞行安全、航空器适航审定和运营的标准化。

2）促进国际合作，协调各国之间的航空政策和规则。

3）提供技术援助和培训，以帮助发展中国家提高其航空系统的安全性和效率。

4）进行研究和数据分析，以支持航空领域的技术和政策发展。

5）提供协调和支持，以应对紧急情况和灾难。

6）Annex 6：运营飞行规则。Annex 6 是 ICAO 的附件，规定了国际民用航空领域的运营飞行规则，包括飞行员许可、飞行规则、飞行员工作时间和休息、飞机运营和维护要求等。Annex 6 的目标是确保飞行操作的安全性、合规性和效率，同时满足国际标准。

（2）Annex 8：飞机空气适航。Annex 8 是 ICAO 的附件，规定了飞机的空气适航要求，包括飞机设计、制造和维护的标准。这些规定确保了飞机的结构强度、系统性能、飞行特性和安全性，以满足国际适航审定的标准。

（3）Annex 10：通信和导航设备。Annex 10 是 ICAO 的附件，规定了飞机通信和导航设备的标准，包括航空通信、雷达设备、导航设备和自动驾驶设备的要求。Annex 10 的目标是确保飞行员能够有效地与空中交通管制进行通信，并准确导航飞行器，以确保航空器的安全和导航性能。

（4）Annex 13：飞行事故调查。Annex 13 是 ICAO 的附件，规定了国际民用航空领域的飞行事故和严重事件调查的标准。这些规定包括飞行事故的通报、调查程序、调查报告的发布等。Annex 13 的目标是提高飞行事故调查的透明度和效率，以获取有关飞行事故原因和推荐措施的信息，改善航空安全。

ICAO 的角色和使命是确保全球民用航空领域的安全、效率和可持续发展。ICAO 的各个附件制定了标准和规则，以支持这一使命，包括运营飞行规则、飞机适航审定、通信和导航设备标准，以及飞行事故调查规则。这些标准对全球航空安全和合规性至关重要。

11.2.4　EUROCAE 标准和标准制定机构

欧洲合作航空电子标准协会(EUROCAE)是一个国际性的标准制定组织，专注于航空电子和通信领域的标准化。下面是关于 EUROCAE 的标准和标准制定机构，以及其作用、使命、与适航审定相关的标准以及标准制定过程和合作的介绍。

(1)EUROCAE 标准和标准制定机构：EUROCAE 是一个独立的非营利标准制定组织，总部位于法国。它的成员包括来自欧洲和全球航空电子和通信行业的各种利益相关者，如航空器制造商、航空运营商、设备制造商、政府机构和研究机构。EUROCAE 致力于制定一系列航空电子和通信领域的标准，以支持航空工业的技术和操作发展。

(2)EUROCAE 的作用和使命：EUROCAE 的使命是促进和支持全球航空电子和通信技术的创新和发展，以提高民用航空的安全、效率和环保性。它的作用包括：

1)制定和维护一系列航空电子和通信标准，涵盖了航空电子设备、系统和通信技术。

2)促进国际合作和标准化，以确保各种设备和系统之间的互操作性。

3)支持欧洲和全球航空工业的技术创新和发展，以满足不断增长的航空需求。

(3)与适航审定相关的 EUROCAE 标准：EUROCAE 制定了一些与适航审定相关的标准，这些标准通常涵盖了航空电子设备和系统的设计、测试和适航审定要求。这些标准帮助确保航空电子设备符合适航审定的标准，以便在航空器上使用，包括导航系统、通信设备、自动驾驶仪器等。

(4)标准制定过程和合作：EUROCAE 的标准制定过程是开放的、协作的，通常涉及利益相关者的广泛参与。制定标准的过程包括：

1)标准需求确定：利益相关者确定特定标准的需求，包括标准的范围和目标。

2)委员会成立：EUROCAE 成立专门的委员会，由专家和利益相关者组成，负责制定标准。

3)草案制定：委员会根据需求制定标准的草案，通常经过多轮讨论和审查。

4)公开评论：草案提交给公众和相关方进行评论，以获取反馈和建议。

5)最终标准发布：标准最终经过修订和批准，然后由 EUROCAE 发布。

EUROCAE 也积极与其他国际标准制定组织，如国际航空无线电技术联盟（Radio Technical Commission for Aeronautics，RTCA）和国际电信联盟（Internationa Telecommunication Union，ITU)等进行合作，以确保全球航空标准的一致性和互操作性。这种合作有助于提高标准的质量和适用性。

11.2.5　标准与机载复杂系统的适航审定

标准在机载复杂系统的适航审定中起着关键作用。下面将展开讲解标准与适航审定之间的关系，以及标准如何影响适航审定，标准的执行和合规性，以及特殊适航规定(Special Conditions)的重要性。

（1）标准与适航审定的关系。

1）指导原则：标准是关于设计、制造和操作飞行器及其系统的指导原则。这些标准提出了一系列要求，以确保航空器的安全性、可靠性和性能。

2）适航审定依据：适航审定是确保航空器满足适航要求的过程。标准通常被视为适航审定的依据，因为它们规定了航空器的设计和性能标准。适航审定机构会检查航空器是否符合这些标准。

（2）标准影响适航审定。

1）设计和制造：在设计和制造阶段，标准规定了航空器和系统的要求，包括结构强度、材料选用、系统性能等。适航审定机构会审查设计和制造过程，以确保其符合标准。

2）性能验证：标准规定了飞行性能和操作要求，包括起飞和降落性能、燃料效率、飞行特性等。适航审定过程中，性能测试和验证是确保标准合规性的重要部分。

3）维护和保障：标准还规定了维护和保障航空器的要求，以确保安全和可靠性。适航审定机构会审查维护程序和实践，以确保它们符合标准。

（3）标准的执行和合规性。

1）执行标准：航空器的设计、制造、维护和操作都必须遵守适用的标准，包括国际标准（如 ICAO、EASA 和 FAA）、行业标准（如 EUROCAE、RTCA）以及国家标准。

2）合规性证明：在适航审定过程中，制造商和运营者必须提供证据，证明其航空器和操作符合标准。这可能涉及文件、测试结果、检查和证书等。

3）持续适航：一旦获得适航审定，持续适航就至关重要。航空器的维护和操作必须继续符合标准，以确保安全性和适航性。

（4）适应性与特殊适航规定（Special Conditions）。

1）适应性：有时候，航空器或系统可能不完全符合现有的标准，但它们可能采用了新技术或创新设计。在这种情况下，适应性是一种允许特殊情况的方法，使其符合标准。

2）特殊适航规定：特殊适航规定是一种为新技术和设计提供适航审定的方式。当现有标准无法满足新技术的要求时，适航审定机构可以制定特殊适航规定，以允许这些创新获得适航审定。

总之，标准在机载复杂系统的适航审定中扮演着至关重要的角色。它们提供了设计、制造和操作的指导原则，以确保航空器的安全性、可靠性和性能。适航审定过程会审查航空器是否符合这些标准，以确保其合规性。特殊适航规定和适应性允许新技术和创新获得适航审定，从而推动了航空领域的发展。

11.2.6　标准的更新和发展趋势

标准在机载复杂系统的适航审定和操作中不断更新和发展，以下是关于标准的更新、网络安全和标准发展以及未来标准趋势的详细信息。

（1）标准的更新和修订。

1）技术演进：随着航空领域技术的不断演进，现有的标准需要进行更新和修订，以确保其与新技术和创新设计保持一致。例如，引入新型材料、电子系统、通信技术和自动驾驶功能，可能需要对标准进行调整。

2)经验教训：飞行事故和事件的经验教训可以促使标准的修订。如果出现了新的安全问题或其他问题，标准可能需要作出相应的改进，以避免类似事件再次发生。

3)国际协调：标准的更新通常需要国际协调，以确保各国之间的一致性。国际标准制定组织(如 ICAO、EASA 和 EUROCAE)通常起着协调作用，以制定全球适用的标准。

(2)网络安全和标准的发展。

1)网络化飞行系统：现代航空系统越来越依赖于互联网和数字技术，这引发了对网络安全的更高需求，包括防止潜在的网络攻击、数据泄漏和系统故障。

2)网络安全标准：针对网络化飞行系统的网络安全标准已经得到了发展。这些标准包括对网络通信、数据加密、身份验证、防火墙和网络监控的要求。

3)飞行数据保护：标准也需要关注飞行数据的保护，以确保敏感数据不受未经授权的访问或恶意攻击。

(3)未来标准的趋势。

1)自动化和自主飞行：未来的标准可能需要适应更高级别的自动化和自主飞行系统，包括自动驾驶飞行器，这将涉及对飞行控制、监视和决策系统的新标准。

2)电动和混合动力飞行器：随着电动和混合动力飞行器的兴起，标准将需要涵盖电池技术、电力系统、充电基础设施等领域。

3)环保和可持续性：未来标准可能会更加强调环保和可持续性，包括减少排放、燃油效率、噪声控制等要求。

4)人工智能和数据分析：标准将需要适应人工智能和数据分析在航空领域的应用，包括维护预测、飞行性能改进和航空安全等。

总体来说，标准在机载复杂系统的适航审定和操作中具有关键作用，它们需要不断更新和发展，以符合新技术、安全需求和环保的要求。网络安全标准也将在数字化飞行系统中发挥更大的作用。未来标准的趋势将主要集中在更高级别的自动化、环保、电动飞行器和数据驱动决策上。标准制定机构需要与航空行业合作，以确保标准能适应未来的需求和挑战。

11.2.7 总结

(1)标准在机载复杂系统适航审定中的重要性。

1)安全性保障：标准为航空器的设计、制造和运营提供了关键的指导原则，以确保其安全性。这有助于减少飞行事故和其他事件的发生，保护飞行员和乘客的生命和财产安全。

2)性能一致性：标准确保了航空器的性能一致性，包括飞行性能、系统可靠性和材料强度。这有助于确保飞行器在不同条件下的可靠性和可操作性。

3)国际适航认可：标准通常是国际适航审定的基础。国际标准化有助于确保不同国家的航空器和操作都符合一致的标准，促进了全球航空业务的互通性。

(2)国际标准的协调与合规性。

1)国际协调：国际标准制定组织(如 ICAO、EASA 和 EUROCAE)在标准的制定和协调方面起着关键作用，确保了全球航空领域的标准一致性和互操作性。

2)合规性证明：制造商和运营者需要提供证据，证明他们的航空器和操作符合适用的标准，确保了航空器的合规性和安全性。

（3）对未来的展望。

1）新技术和创新：未来标准将需要不断适应新技术和创新设计，包括自动化、电动飞行器、网络化系统和数据驱动决策。标准将继续推动航空领域的技术演进。

2）网络安全和数据保护：随着数字化飞行系统的普及，网络安全和数据保护将成为标准制定的重要方面。标准将需要确保航空系统的网络安全和数据隐私。

3）环保和可持续性：标准将更加强调环保和可持续性，包括减少排放、提高燃油效率和降低噪声污染，这反映了对环境责任的增加。

4）全球协调：未来标准将需要更强的全球协调，以确保全球航空领域的一致性和安全性。国际标准化组织将继续发挥关键作用。

总而言之，标准在机载复杂系统的适航审定中具有关键作用，确保了航空器的安全性、性能和合规性。未来标准将继续适应新技术、安全需求和环保要求，以推动航空领域的发展和创新。国际标准化将继续发挥关键作用，确保全球航空标准的一致性和互操作性。

11.3　机载复杂系统研制过程

机载复杂系统的研制过程是一个精密而复杂的工程，涵盖了从需求分析到设计、开发、测试和验证的各个关键阶段。本节将深入探讨机载复杂系统的研制过程各个阶段，重点强调如何满足适航审定的要求，包括设计合规性、安全性评估和风险管理等关键方面。

11.3.1　需求分析

需求分析是机载复杂系统研制过程的起点。在这一阶段，研究团队需要与利益相关者合作，明确定义系统的功能和性能要求。这些要求将在整个研制过程中起着指导作用，确保系统满足最终用户的期望。适航审定的相关需求也需要在此阶段明确定义。

（1）需求捕获。

利益相关者识别：在需求分析阶段，研究团队必须明确了解国际和国家的适航审定标准，以确保系统的设计和性能符合这些标准。

捕获利益攸关方要求：需求分析必须考虑飞行安全，包括飞行特性、飞行控制、飞行员工作负荷等方面的要求，以确保飞行操作的安全性。

（2）需求分析。

应用场景定义：和项目相关联的人或者是组织，正确、及时地识别出项目的利益相关方，会推动项目的成功。

系统功能定义：从应用场景中提炼识别系统功能，并对功能进行定义，识别功能之间的关系及边界。

顶层要求分解：从用户顶层要求、技术标准等输入数据中获得研制要求，分析、讨论系统研制要求的完整性、正确性、可验证性。

（3）需求定义。

编制需求规范：将识别出的需求按照需求的规范化语言形成需求文件，包括需求的各类属性。

建立需求追溯矩阵:建立需求与顶层需求的追溯关系,形成符合性矩阵,完成覆盖率分析,确保需求的全面性。

(4)需求确认。

确认及总结:确认需求的完整性、正确性、可验证性,以及与系统研制要求的一致性。

11.3.2　设计与开发

设计与开发阶段是机载复杂系统的关键部分。在这一阶段,研究团队将根据需求分析的要求,制定系统的设计方案,包括硬件、软件、通信、控制等。同时,也需要考虑适航审定的要求,确保系统的设计符合标准。

(1)系统设计。

系统架构设计:考虑系统的整体架构,包括逻辑架构、物理架构设计。

功能分配:完成功能向下一级构型项的分配。

捕获衍生需求:捕获由设计过程产生的衍生需求,并阐明原理。

(2)专项设计。

进行系统安全性、可靠性、维修性、测试性、安保性等专项设计。

(3)系统实现。

系统软硬件设计实现,包括编码、生产等,通常采用 DO-178、DO-254 标准执行。

11.3.3　测试和验证

测试和验证是确保机载复杂系统适合飞行的关键阶段。在这个阶段,系统的性能将在实验室和实际飞行中进行测试,以确保其满足适航审定的要求。

(1)功能测试。

1)系统性能测试:在功能测试中,系统的性能(飞行性能、通信性能、导航性能等)将根据设计规范进行测试。

2)系统集成测试:系统的各个组件将进行集成测试,以确保它们一起工作正常,并满足适航审定的要求。

(2)飞行测试。

1)飞行试验:飞行测试是确保机载复杂系统满足适航审定要求的关键步骤。在飞行测试中,系统将在实际飞行中进行验证,以确保其性能和安全性。这些测试包括飞行特性、飞行控制、系统可靠性和飞行员工作负荷的验证。

2)数据记录和分析:飞行测试将生成大量数据,这些数据需要记录和分析。数据分析有助于评估系统是否符合适航审定标准,以及是否满足性能和安全性要求。

11.3.4　风险管理

在整个研制过程中,风险管理是不可或缺的一部分。研究团队必须不断识别、评估和管理风险,以确保系统的设计和性能符合适航审定的要求,同时保证飞行安全。

(1)风险识别。

研究团队必须识别与系统设计、开发和操作相关的潜在风险。这可能涉及技术、人员、环境等各个方面的风险。特别要注意与适航审定相关的风险,包括满足标准、合规性和安全性的风险。

(2)风险评估和管理。

风险评估:研究团队需要评估风险的严重性和可能性,以确定哪些风险是最重要的,并需要采取措施来减少它们的影响。

风险管理计划:研究团队必须制订风险管理计划,明确措施和时间表,以降低风险并确保系统的合规性和安全性。

机载复杂系统的研制过程是一个复杂而综合的工程,需要满足适航审定的要求,包括设计合规性、安全性评估和风险管理。需求分析、设计与开发、测试和验证以及风险管理是确保机载复杂系统的适航合规性和飞行安全的关键步骤。适航审定是确保航空器的安全性和合规性的重要过程,与研制过程密切相关,必须严格遵守国际和国家的适航审定标准。

11.4　机载复杂系统适航取证过程

机载复杂系统的适航取证过程是确保系统安全性和合规性的重要一环。适航取证的过程包括审定申请、适航审定机构的作用、文件和测试要求,以确保系统获得适航审定。

11.4.1　审定申请

在机载复杂系统的适航审定过程中,适航审定申请是确保系统满足安全性和合规性要求的起点。研制团队需要向适航审定机构提交适航审定申请,该申请是系统适航审定的正式文件。这一过程是高度规范的,需要完备的数据支撑,包括系统的设计数据、测试数据、风险分析等信息。

适航审定申请是研制团队与适航审定机构之间的重要纽带。它承载了关于机载复杂系统的关键信息,确保审定机构了解系统的性能、设计、测试计划和风险管理措施。适航审定申请的质量和完整性对于系统的适航审定结果至关重要。下面是适航审定申请的关键组成部分。

(1)设计文档。

适航审定申请中的设计文档是详细描述机载复杂系统的核心部分,包括以下内容。

1)系统描述。

系统描述是对机载复杂系统的整体描述,包括用途、功能和性能要求,需要清晰地阐述系统的预期用途和操作环境。

2)设计规范。

系统架构:描述系统的整体架构,包括硬件和软件组件的布局,以及它们之间的交互。这有助于审定机构理解系统的设计和集成。

硬件设计:详细说明系统中使用的硬件元件,包括传感器、控制器、处理器等。硬件设计文件应包括规格、性能特征和相互连接的方式。

软件设计:描述系统的软件架构,包括操作系统、应用程序、控制算法等。软件设计文件应包括编程语言、代码结构和接口规范。

3)性能规范。

性能规范明确定义系统的性能要求,包括飞行性能、控制精度、通信速度等。这有助于审定机构评估系统是否满足标准。

(2)测试计划。

适航审定申请中的测试计划描述了系统将如何进行测试和验证。这些测试计划需要清晰地定义测试的范围、目标和方法。

1)地面测试计划。地面测试包括在实验室和地面设施中对系统进行的各种测试,以验证其性能和可操作性。地面测试计划应包括测试的类型、时间表和数据收集计划。

2)飞行测试计划。飞行测试计划描述了系统将如何在实际飞行中进行验证,包括飞行试验的类型、地点、目标和安全措施。

(3)风险分析。

风险分析是适航审定申请中的一个关键组成部分,它用于评估系统在设计、开发和操作中可能面临的风险,包括技术风险、操作风险、环境风险等。风险分析文件应包括以下内容:

1)风险识别:明确识别可能的风险,包括技术挑战、操作困难、人员问题和环境因素。

2)风险评估:对每种风险进行评估,包括风险的严重性和可能性。

3)风险管理:提供风险管理计划,包括风险减轻措施和风险监控策略。

(4)其他相关信息。

适航审定申请还可能包括与系统适航审定相关的其他信息,例如维护手册、飞行手册、操作程序等。

(5)结论。

适航审定申请是机载复杂系统适航审定过程的关键文件,它提供了系统的详细信息,包括设计、测试、风险管理等方面的内容。在适航审定申请中,研制团队需要清晰、完整地呈现系统的特性,以确保审定机构能够全面理解系统并进行适当的审定。

适航审定申请的质量和完整性对于获得适航审定证书至关重要。如果申请中存在遗漏或不完善的信息,可能会导致审定过程的延迟,甚至审定的不通过。因此,研制团队必须投入充分的时间和资源,确保适航审定申请的准备工作仔细和详尽,以满足适航审定的要求。

11.4.2 适航审定机构的作用

适航审定机构在机载复杂系统的适航审定过程中扮演着至关重要的角色。下面探讨适航审定机构的定义、职责,审定过程,审定机构的独立性和国际合作。

(1)适航审定机构的定义。

适航审定机构通常是国家的民航管理机构或国际航空协会(如 ICAO)下设的专门组织。其主要任务是审核和批准机载复杂系统的适航审定申请,以确保系统满足安全性和合规性的标准。这些机构的职责不仅限于国内,还包括跨境运营和国际合规性。

(2)适航审定机构的职责。

适航审定机构在机载复杂系统适航审定过程中承担多项职责,以确保系统的合规性和安全性。下面是适航审定机构的主要职责。

1)审定申请审核。适航审定机构首要职责是审核机载复杂系统的适航审定申请,包括仔细审查申请文件,如设计文档、测试计划、风险分析等。审定机构需要确保这些文件的质量、准确性和完整性,以便全面理解系统的特性和性能。

2)核准适航计划。审定机构将审查和核准适航计划,包括地面测试计划和飞行测试计划。这确保了测试将按照合适的标准和程序进行,以验证系统的性能和合规性。

3)检查和测试。审定机构可能会进行实地检查和测试,以验证系统的设计、性能和合规性。这些检查和测试可能包括实验室测试、模拟测试和实际飞行测试。审定机构的专家将监督和参与这些活动,以确保系统满足适航标准。

4)安全性评估。适航审定机构对机载复杂系统的安全性进行评估,以确定系统是否满足飞行操作的安全性要求。这包括飞行特性、飞行控制、人机界面、飞行员工作负荷等方面的评估。

5)核准适航证书。一旦机载复杂系统满足适航标准,审定机构将颁发适航证书。这个证书证明系统已经通过审定,可以用于飞行操作。适航证书通常包括适航条件和限制,以确保系统在安全的操作范围内运行。

(3)审定过程。

审定机构在执行其职责时遵循一套严格的审定过程。下面是审定过程的主要步骤:

1)申请受理。审定过程的第一步是受理适航审定申请。审定机构将审查申请文件,包括设计文档、测试计划、风险分析等,以确保文件的完整性和合规性。一旦申请被受理,审定过程就正式开始。

2)文件审核。审定机构将仔细审查申请文件,以了解系统的设计、性能和风险管理,并核查文件的准确性和一致性,以确保系统的性能满足标准。

3)地面测试。在某些情况下,审定机构可能会要求进行地面测试,以验证系统的性能和合规性。这些测试通常在实验室或地面设施中进行,以模拟实际操作条件。

4)飞行测试。飞行测试是确保机载复杂系统满足适航标准的重要部分。审定机构可能会要求进行各种类型的飞行测试,以验证系统的飞行性能、安全性和合规性,包括飞行特性测试、飞行控制测试和飞行员工作负荷测试。

5)安全性评估。审定机构将对系统的安全性进行评估,包括对飞行特性、操作程序和飞行员培训的评估,以确定系统是否满足飞行操作的安全性要求。

6)适航证书颁发。一旦机载复杂系统满足适航标准,审定机构将颁发适航证书。这个证书是系统可以用于飞行操作的正式许可。适航证书的授予是适航审定的最终阶段,但不代表审定机构的职责结束。适航证书通常包括以下内容。

a)适航条件:证书可能附带一些适航条件,包括限制操作的范围、必须满足的技术要求等,系统必须满足这些条件才能进行飞行操作。

b)适航限制:证书还可能包括适航限制,限制系统的操作方式。这些限制可能涉及飞行高度、气象条件、操作区域等。

c)适航变更:在系统的运营期间,如果需要对系统进行任何修改或变更,研制团队必须向审定机构提出适航变更申请。审定机构将对这些变更进行审查和批准。

(4)审定机构的独立性。

适航审定机构的独立性是确保审定过程的公正和客观性的关键要素。这意味着审定机构不受外部压力或利益的影响,可以独立地评估系统的合规性和安全性。适航审定机构通常受到国际和国家法规的监督,以确保其独立性得到维护。

(5)国际合作。

机载复杂系统的适航审定通常需要国际合作,尤其是对于在全球范围内运营的航空器。国际合作可以确保机载复杂系统在各个国家和地区都符合相似的适航标准。国际航空协会(如 ICAO)在协调国际适航审定方面发挥着关键作用,通过制定国际标准和协议,促进各国的合作。

11.4.3　文件和测试要求

适航审定过程中,文件和测试要求是确保机载复杂系统的合规性和安全性的核心组成部分。下面探讨适航审定的文件要求和测试要求,包括设计数据、飞行测试、系统测试和性能测试等方面的内容。

(1)文件要求。

适航审定需要一系列文件,以确保系统的合规性和安全性。这些文件对于审定机构的审核和系统性能的评估至关重要。下面是一些关键的文件要求。

1)设计数据。

系统概述:系统的整体描述,包括用途、功能和性能要求。

系统架构:系统的整体架构,包括硬件和软件组件的布局,以及它们之间的交互。

硬件设计:系统中使用的硬件元件的详细说明,包括规格、性能特征和相互连接的方式。

软件设计:系统的软件架构,包括操作系统、应用程序、控制算法等。

2)测试数据。

测试计划:地面测试和飞行测试的详细计划,包括测试的类型、时间表和数据收集计划。

测试结果:测试的详细结果和数据,用于证明系统的性能和合规性。

3)维护手册。详细说明系统的维护要求和程序,包括维护计划、零部件更换和维修程序。

4)操作手册。这些手册包括飞行操作手册、维护操作手册和操作程序,包含了操作系统的关键信息(飞行规程、操作程序、应急程序等)。

以上文件需要满足适航审定机构的要求,并且必须具有高度的准确性和完整性。文件的质量对于审定机构的审查至关重要,不完善或不准确的文件可能导致审定过程的延迟或失败。

(2)测试要求。

飞行测试、系统测试和性能测试是适航审定的一部分,用于验证系统的性能、安全性和合规性。下面是关键的测试要求。

1)飞行测试。

飞行特性测试:验证系统的飞行特性,包括稳定性、操纵性和飞行性能。

飞行控制测试:评估飞行控制系统的功能,确保其可以有效地控制飞行器。

飞行员工作负荷测试:评估飞行员在操作系统时的工作负荷,以确保飞行员能够有效地操作系统。

2）系统测试。

系统性能测试：验证系统的性能，包括速度、高度、操纵性和通信性能。

系统可靠性测试：评估系统的可靠性，包括故障检测和故障恢复功能。

系统集成测试：确保系统中的各个组件能够有效地协同工作，以满足性能要求。

3）性能测试。

性能测试：验证系统的性能是否符合规定的性能要求，如飞行速度、升限、续航时间等。

安全性测试：评估系统的安全性，包括飞行安全、应急程序和飞行员的安全性培训。

合规性测试：确保系统符合适航标准和法规的合规性要求。

（3）测试的重要性。

飞行测试和系统测试的重要性不可低估，因为它们是确保机载复杂系统满足适航标准和法规的关键步骤。通过这些测试，审定机构可以验证系统的性能和合规性，以确保其安全运行。性能测试还可以提供操作系统的性能数据，以供操作员参考。

（4）文件和测试的重要性。

文件和测试要求在机载复杂系统的适航审定过程中扮演了至关重要的角色，确保了系统的合规性、安全性和性能，对于机载系统的适航审定至关重要。

1）合规性保证。

文件要求确保了适航审定机构可以全面了解系统的设计、性能和功能。这使审定机构能够验证系统是否符合适航标准和法规。准确、详尽的设计文件和测试数据是适航审定的基础，确保了系统的合规性。

2）安全性验证。

测试要求通过飞行测试和系统测试来验证系统的安全性，包括飞行特性、控制性能、飞行员工作负荷等方面的测试。通过这些测试，审定机构可以评估系统在各种操作条件下的安全性，确保系统满足安全性要求。

3）性能保障。

性能测试确保了系统的性能（包括速度、高度、续航时间等）满足规定的要求。这对于飞行器的正常操作至关重要，确保系统在各种操作条件下表现出卓越的性能。

4）合规性验证。

合规性测试确保系统符合适航标准和法规的要求，包括飞行操作的合规性、应急程序的合规性和飞行员培训的合规性。通过这些测试，审定机构可以确认系统在各种操作条件下的合规性。

11.4.4　适航审定证书

一旦系统满足适航标准，审定机构将颁发适航审定证书。这个证书证明系统已经通过审定，可以用于飞行操作。

获得适航审定证书后，研制团队必须确保系统在运营期间继续保持合规性，包括定期维护和报告。

适航审定证书是机载复杂系统适航审定的最终产物，它标志着系统已经通过审定机构的审核，并被认为满足了适航标准和法规的要求。下面深入探讨适航审定证书的定义、获得过程和持续适航等内容。

(1)适航审定证书的定义。

适航审定证书是由适航审定机构颁发的正式文档,它证明了机载复杂系统已经通过适航审定过程,符合适航标准和法规的要求。这个证书通常包括系统的详细信息、适航条件、适航限制和有效期等内容。适航审定证书的颁发是机载系统投入运营的法定要求,而没有适航审定证书的系统是不被允许进行飞行操作的。

(2)适航审定证书的获得过程。

获得适航审定证书是机载复杂系统研制过程中的最终目标,这个过程通常包括以下步骤:

1)适航审定申请。研制团队需要向适航审定机构提交适航审定申请,包括系统的设计文件、测试数据、风险分析和其他相关信息。这个申请需要详细说明系统的设计、性能和合规性,以供审定机构审核。

2)文件准备。在申请中,研制团队必须准备适合审定的文件,包括设计文档、测试计划、维护手册、飞行手册等。这些文件必须满足审定机构的要求,并且必须具有高度的准确性和完整性。

3)文件审核。审定机构将仔细审查申请文件,以确保文件的质量、准确性和完整性。文件的审核是确保系统的设计和性能满足标准的关键步骤。

4)地面测试。在某些情况下,审定机构可能会要求进行地面测试,以验证系统的性能和合规性。这些测试通常在实验室或地面设施中进行,以模拟实际操作条件。

5)飞行测试。飞行测试是适航审定的关键步骤,用于验证系统的飞行性能、安全性和合规性。这些测试可能包括飞行特性测试、飞行控制测试和飞行员工作负荷测试。

6)安全性评估。审定机构对系统的安全性进行评估,以确定系统是否满足飞行操作的安全性要求。这包括飞行特性、飞行控制、人机界面、飞行员工作负荷等方面的评估。

7)适航证书颁发。一旦机载复杂系统满足适航标准,审定机构将颁发适航证书。这个证书证明系统已经通过审定,可以用于飞行操作。适航证书通常包括适航条件和限制,以确保系统在安全的操作范围内运行。

(3)持续适航。

获得适航审定证书只是机载系统的第一步,研制团队必须确保系统在运营期间继续保持合规性。包括以下要求:

1)定期维护。机载系统必须按照维护手册的要求进行定期维护,以确保系统的性能和安全性。维护手册包括维护计划、零部件更换和维修程序等信息,以供维护人员参考。

2)报告。研制团队必须向审定机构报告任何系统修改、事故或事件,这可能影响系统的性能或安全性。审定机构将评估这些报告,以确保系统的合规性和安全性没有受到威胁。报告要求的内容通常包括事故调查、飞行数据记录、维修记录等。

3)审定机构审查。审定机构将定期审核持有适航证书的机载系统,以确保其仍然满足适航标准和法规的要求。这些审查包括文件审核、地面测试和飞行测试。

4)适航证书更新。

适航证书通常具有有效期限,因此必须定期更新。更新适航证书可能涉及系统的修改、维护和报告,以确保系统仍然满足适航标准。

(4)适航审定证书的重要性。

适航审定证书是机载复杂系统投入运营的法定要求,它证明系统已经通过了适航审定过程,满足了适航标准和法规的要求。这个证书对于系统的合法操作至关重要,没有适航审定证书的系统是不被允许进行飞行操作的。

适航审定证书还对飞行器的安全性和性能提供了重要的保障。它确保系统在各种操作条件下的性能和安全性满足要求,以保障飞行员和乘客的安全。

(5)总结。

适航审定证书是机载复杂系统适航审定的最终产物,它标志着系统已经通过审定机构的审核,并被认为满足了适航标准和法规的要求。获得适航审定证书是机载系统研制过程中的最终目标,但持续适航要求确保系统在运营期间继续保持合规性、安全性和性能。

机载复杂系统的适航取证是确保系统满足安全性和合规性要求的关键过程。适航审定申请、审定机构的角色、文件和测试要求以及适航审定证书都是确保系统在实际飞行中的安全性和合规性的重要因素。

参 考 文 献

[1] 中国民用航空总局航空器适航司.中国民用航空器适航管理[M].北京:中国民航出版社,1994.

[2] 薛钊,刘瑞军,郭鹏,等.基于 DO-254 的复杂电子硬件开发及适航审定过程符合性研究[J].航空标准化与质量,2022(4):20-24.

[3] 孙景华,张杨,花卉,等.先前开发电子硬件适航符合性验证技术研究[J].航空标准化与质量,2016(1):44-47.

[4] 赵越让,敬忠良,王国庆,等.适航理念与原则[M].上海:上海交通大学出版社,2013.

[5] 金德琨.民用飞机航空电子系统[M].上海:上海交通大学出版社,2011.

[6] 李同泽.机载软件合格审定的方法[J].航空标准化与质量,1996(6):32-33.

[7] 李培.RTCA/DO-178A《机载系统和设备软件的合格审定要求》浅析及使用建议[J].航空标准化与质量,1992(5):44-48.

[8] 田莉蓉.机载电子产品设计保证实践[M].北京:航空工业出版社,2020.

[9] 王文浩,毕文豪,张安,等.基于 MBSE 的民机系统功能建模方法[J].系统工程与电子技术,2021,43(10):2884-2892.

[10] 朱亮.MBSE 应用于航空产品研发的适航管理[J].科技导报,2019,37(7):75-79.

[11] 田莉蓉.机载电子系统开发过程本地化方法[J].电光与控制,2017,24(3):55-59.

[12] 陈金莉,陈思良.从"航空器合格审定系统评审大纲"到"质量系统审查准则"[J].航空标准化与质量,2021(5):28-31.

[13] 王浩,薛康,邓胜吉.机载 FPGA 适航性保证体系与设计路径研究[J].信息与电脑,2021,33(16):8-12.

[14] 汪常林,王骥.基于 DO-254 标准的 FPGA 设计过程及适航审定[J].航空电子技术,2018,49(2):43-48.

[15] LEANNA RIERSON.安全关键软件开发与审定:DO-178C 标准实践指南[M].崔晓峰,译.北京:电子工业出版社,2015.

[16] 赵越让.机载软件适航标准 DO-178BC 研究[M].上海:上海交通大学出版社,2013.

[17] 杜川,田涛.机载电子硬件穷尽测试方法研究[C]//中国航空学会.第十届中国航空学会青年科技论坛论文集.北京:科学普及出版社,2022:6.

[18] 王文智.面向机载电子设备的自动化测试系统设计[J].电子测试,2022(3):89-91.

[19] 刘文,高瑞坤,刘媛.机载简单电子硬件的适航考虑[J].航空计算技术,2021,51(4):127-129.

[20] 罗文超,张迪.符合 DO-254 标准的机载复杂电子硬件验证技术研究[J].航空计算技术,2020,50(2):128-134.

［21］　胡晓莉,邵伟.民用飞机简单电子硬件符合性验证策略研究[J].科技视界,2016(11)：9－15.

［22］　侯小宇.航空发动机控制系统电子硬件设计和符合性验证方法[J].民航学报,2018,2(9)：58－60.

［23］　张杨,居慧,胡晓莉.民用飞机机载电子硬件符合性验证策略研究[J].工业控制计算机,2015,28(9)：155－156.

索　引

缩略词	英文全称	中文全称
FAA	Federal Aviation Administration	联邦航空管理局
FAR	Federal Aviation Regulations	联邦航空法规
SFAR	Special Federal Aviation Regulations	特殊联邦航空法规
CS	Certificate Specificaitons	适航标准
EASA	European Union Aviation Safety Agency	欧洲航空安全局
CCAR	Chinese Civil Aviation Regulations	中国民用航空规章
ANC	Air Navigation Commission	空中航行委员会
ATC	Air Transportable Clinic	航空运输委员会
FIC	Financial Inventory Control	财务委员会
UIC	Unlawful Interference Committee	非法干扰委员会
TCC	Technology Coordination Committee	技术合作委员会
JSC	Joint Standing Committee	联合支助委员会
LEC	Law Enforcement Committee	法律委员会
CAEP	Committee on Aviation Environmental Protection	航空环保委员会
TCAS	Traffic Collision Avoidance System	空中防撞系统
ICAO	International Civil Aviation Organization	国际民航组织
CAAC	Civil Aeronautics Administration of China	民用航空局
CAB	Civil Aeronautics Board	民用航空委员会
NTSB	National Traffic Safety Board	美国国家交通安全委员会
AC	Advisory Circular	咨询通告
AD	Airworthiness Directive	适航指令
TFR	Temporary Flight Restriction	临时飞行限制
NOTAMs	Notices to Airmen	给飞行员通知
NPRM	Notice of Proposed Rule Making	拟议规则制定通知
JAA	Joint Aviation Adminision	欧洲联合适航局
JAR	Joint Aviation Requirements	欧洲联合航空规则
EU	European Union	欧洲联盟

续表

缩略词	英文全称	中文全称
IACAR	the Aviation Register of the Interstate Aviation Committee	俄罗斯航空委员会航空注册局
FAAR	the Federal Aviation Authority of Russia	俄罗斯联邦航空局
PSCP	Project Specific Certification Plan	专项合格审定计划
CP	Certification Plan	审定计划
TSO	Technical Standard Order	技术标准规定
ETOPS	Extended-range Operations	延程飞行
TC	Type Certificate	型号合格证
PC	Production Certificate	生产许可证
AC	Airworthiness Certificate	适航证
MOA	Memorandum of Agreement	备忘录
TCB	Type Certificate Board	型号合格审定委员会
AFM	Aircraft Flight Manual	民用航空器飞行手册
CAD	Chinese Airworthiness Directive	适航指令
AP	Airworthiness Procedure	适航管理程序
ITU	International Telecommunication Union	国际电联
TCDS	TC Data Sheet	型号合格证数据单
SC	Special Condition	专用条件
IP	Issue Paper	问题纪要
IB	Issues Book	问题纪要汇编
TP	Test Product	试验产品
TIA	Type Inspection Authorization	型号检查核准书
LOA	Letter of Authorization	授权函
CP	Certification Plan	审定计划
CPP	Certification Project Plan	审定项目计划
PSP	Partnership for Safety Plan	安全保障合作计划
PSCP	Project Specific Certification Plan	专项合格审定计划
TCT	Type Certification Team	审查组
TIR	Type Inspection Report	型号检查报告
PE	Project Engineer	项目工程师
IPA	Implementation Procedure of Airworthiness	适航实施程序
BASA	Bilateral Aviation Safety Agreement	双边航空安全协定

续表

缩略词	英文全称	中文全称
VLA	Very Light Aircraft	甚轻型飞机
STC	Supplement Type Certificate	补充型号合格审定型号证
TSO	Technical Standard Order	技术标准规定
FOIA	Freedom of Information Act	信息自由法案
TIP	Technological Implementation Plan	技术实施程序
APU	Auxiliary Power Unit	辅助动力装置
CMR	Certification Maintenance Requirement	审定维修要求
ALI	Airworthiness Limitation Instruction	适航性限制项目
MRBR	Maintenance Review Board Report	维修审定委员会报告
MPD	Maintenance Planning Document	维修计划文档
MMEL	Master Minimum Equipment List	主最低设备项目清单
NDT	Non Destructive Testing	无损探伤
SRM	Structure Repair Manual	结构修理文件
CMM	Component Maintenance Manual	部附件维修手册
AFM	Aircraft Flight Manual	航空器飞行手册
EEC	Eletronic Engine Controller	电子发动机控制器
EICAS	Engine Instruction and Crew Alerting System	发动机指示与机组告警系统
PCB	Printed Circuit Board	印制电路板
FPGA	Field Programmable Gate Array	现场可编程门阵列
CPLD	Complex Programmable Logic Device	复杂可编程逻辑设备
ASIC	Application Specific Integrated Circuit	应用专用集成电路
COTS-IP	Commercial Off The Shelf-Intellectual Property	商业货架知识产权
RTCA	Radio Technical Commission for Aeronautics	美国航空无线电委员会
EUROCAE	European Organization for Civil Aviaiton Equipment	欧洲民用航空设备组织
DER	Designated Engineering Representative	委任工程代表
DAL	Design Assurance Level	设计保证等级
FDAL	Function Design Assurance Level	功能研制保证等级
IDAL	Item Design Assurance Level	功能软件和电子类硬件研制保证等级
FHA	Function Harzard Analysis	功能危害分析
PPR	Program Progress Review	计划阶段评审
PDR	Preliminary Design Review	概要设计阶段评审

续表

缩略词	英文全称	中文全称
CDR	Critical Design Review	详细设计阶段评审
TRR	Test Readiness Review	测试准备阶段评审
HCR	Hardware Conclusion Review	硬件总结阶段评审
SCR	Software Conformity Review	软件符合性评审
SOI	Stage of Involvement	阶段性介入审查
HDL	Hardware Description Language	硬件描述语言
QA	Quality Assurance	质量保障
RTL	Register Transfer Level	寄存器传输
PSSA	Prelimary System Safety Analysis	初步系统安全性分析
ICD	Interface Control Document	接口控制文件
SDP	Software Develop Plan	软件开发计划
SVP	Software Verfication Plan	软件验证计划
SCMP	Software Configuration Management Plan	配置管理计划
SQAP	Software Quality Assurance Plan	质量保证计划
PSAC	Plan of Software Airworthiness Certificate	软件审定计划
SRS	Software Requirement Standard	软件需求标准
SDS	Software Design Standard	软件设计标准
SCS	Software Coding Standard	软件编码标准
CAD	Computer Aided Design	计算机辅助设计
MBSE	Model-Based Systems Engineering	基于模型的系统工程
MDE	Model-Driven Engineering	模型驱动工程
UML	Unified Modeling Language	统一建模语言
AADL	Architecture Analysis and Design Language	结构分析与设计语言
BDD	Behavior-Driven Development	行为驱动开发
RTCA	Radio Technical Commission for Aeronautics	国际航空无线电技术联盟
ITU	International Telecommunication Union	国际电信联盟